Identificazione e controllo di sistemi non lineari con modelli fuzzy

Sunil Gupta
Meena Tushir

Identificazione e controllo di sistemi non lineari con modelli fuzzy

ScienciaScripts

Imprint

Any brand names and product names mentioned in this book are subject to trademark, brand or patent protection and are trademarks or registered trademarks of their respective holders. The use of brand names, product names, common names, trade names, product descriptions etc. even without a particular marking in this work is in no way to be construed to mean that such names may be regarded as unrestricted in respect of trademark and brand protection legislation and could thus be used by anyone.

Cover image: www.ingimage.com

This book is a translation from the original published under ISBN 978-3-659-85114-8.

Publisher:
Sciencia Scripts
is a trademark of
Dodo Books Indian Ocean Ltd. and OmniScriptum S.R.L publishing group

120 High Road, East Finchley, London, N2 9ED, United Kingdom
Str. Armeneasca 28/1, office 1, Chisinau MD-2012, Republic of Moldova, Europe

ISBN: 978-620-3-59241-2

Copyright © Sunil Gupta, Meena Tushir
Copyright © 2024 Dodo Books Indian Ocean Ltd. and OmniScriptum S.R.L publishing group

CONTENUTI

Riconoscimento 2
Astratto 3
Capitolo I..4
Capitolo II... 10
Capitolo III 14
Capitolo IV... 35
Capitolo V 39
Capitolo VI... 40
Riferimenti 49

RICONOSCIMENTO

Il lavoro di ricerca contenuto in questo libro è il risultato dell'ispirazione e dell'incoraggiamento di molte persone per le quali queste parole di ringraziamento sono solo un segno della mia gratitudine e del mio apprezzamento.

Desidero esprimere la mia profonda gratitudine e il mio immenso rispetto al Dr. S Chatterji, Prof. e Capo del Dipartimento di Ingegneria Elettrica del NITTTR di Chandigarh, per la sua preziosa guida, il suo costante incoraggiamento e le sue critiche costruttive che mi hanno permesso di portare questo manoscritto alla forma attuale. La sua natura dedita al lavoro costruttivo e il suo atteggiamento progressista mi hanno incoraggiato a intraprendere questo incarico e a portarlo a termine entro i tempi stabiliti.

Ho il privilegio di esprimere la mia sincera gratitudine a Meena Tushir, Professore Associato (HOD), Dipartimento di Ingegneria Elettrica ed Elettronica, MSIT, Janak Puri, Nuova Delhi, per i suoi consigli e suggerimenti preziosi.

Desidero inoltre ringraziare tutti i docenti e i membri dello staff del Dipartimento di Ingegneria Elettrica del NITTTR di Chandigarh che mi hanno aiutato di volta in volta a portare a termine con successo questo impegnativo lavoro.

Sono grato a tutti i membri della Facoltà e del personale del Dipartimento di Ingegneria Elettrica ed Elettronica del Maharaja Surajmal Institute of Technology, Janak Puri, New Delhi per il loro sostegno nelle varie fasi del mio corso di laurea. Grazie a tutti!!!

Questo riconoscimento rimarrà incompleto senza esprimere la mia gratitudine ai miei genitori, a mia moglie Alka Gupta, a mio figlio Aarush Gupta e a tutti i miei familiari, amici e parenti per il loro meraviglioso amore e sostegno, che mi mantiene motivato a perseguire aspirazioni più elevate nella vita.

Grazie a tutti!!!

Sunil Gupta

ASTRATTO

Tra le diverse tecniche di modellazione fuzzy, il modello Takagi-Sugeno (TS) ha attirato la maggiore attenzione. Questo modello consiste in regole "se-allora" con antecedenti fuzzy e funzioni matematiche nella parte conseguente. Gli insiemi fuzzy antecedenti suddividono lo spazio di input in un certo numero di regioni fuzzy, mentre la funzione conseguente ha una relazione lineare o non lineare degli input nello spazio di output. Per prima cosa lo spazio di input viene partizionato utilizzando un algoritmo di clustering fuzzy. Inoltre, non esiste un approccio generalizzato per la determinazione di un set di regole ottimale; il clustering può essere utilizzato per determinare il numero ottimale di regole dalle posizioni centrali nell'iperspazio input-output, in base all'ottimizzazione di una determinata funzione obiettivo.

Il clustering FCM è stato utilizzato per suddividere i dati di input-output e per determinare il numero di regole. Assumendo una funzione di appartenenza gaussiana per le parti premesse, è stata utilizzata la tecnica del Gradient Descent per aggiornare i parametri. Le prestazioni del modello sono state testate sul problema di riferimento dell'identificazione di dati di impianto non lineari e su un problema di dati reali, ovvero un modello di controllo di un operatore di un impianto chimico.

I controllori lineari (P, PI e PID) sono ampiamente utilizzati negli impianti industriali. Tuttavia, in molti casi, il controllore lineare non funziona più e l'operatore umano deve sostituirlo. Uno dei punti di forza dell'approccio al controllo fuzzy è la possibilità di integrare questa esperienza umana nel controllore. Il controllore fuzzy garantisce la stabilità del sistema sotto controllo e assicura la robustezza rispetto alle variazioni dei parametri del sistema. Le prestazioni del controllore fuzzy Feed forward sono state testate su dati artificiali.

CAPITOLO I

Una panoramica dei sistemi e del loro controllo

1.1 Introduzione

Un sistema è composto da gruppi di attività regolarmente interagenti o interrelate. Nel senso più generale, per sistema si intende una configurazione di parti collegate e unite da una rete di relazioni. Tutti i sistemi, siano essi elettrici, biologici o sociali, hanno modelli, comportamenti e proprietà comuni che possono essere compresi e utilizzati per sviluppare una maggiore comprensione del comportamento dei fenomeni complessi e per avvicinarsi all'unità della scienza. I sistemi adattativi complessi sono casi particolari di sistemi complessi. Sono complessi in quanto di natura diversa e costituiti da molteplici elementi interconnessi e adattivi in quanto hanno la capacità di cambiare e di imparare dall'esperienza.

L'**ingegneria dei sistemi** è un approccio interdisciplinare e un mezzo utilizzato per consentire la realizzazione e la distribuzione di sistemi di successo. Può essere vista come l'applicazione di tecniche ingegneristiche alla progettazione di sistemi, nonché come l'applicazione di un approccio sistemico agli sforzi ingegneristici. L'ingegneria dei sistemi integra altre discipline e gruppi specialistici in un lavoro di squadra, formando un processo strutturato che procede dall'ideazione alla produzione, al funzionamento e allo smaltimento. I sistemi possono essere classificati in due gruppi (i) sistemi lineari (ii) sistemi non lineari. Essi sono discussi di seguito:

1.1.1 Sistema lineare

Un **sistema lineare** è un modello matematico di un sistema basato sull'uso di un operatore lineare. I sistemi lineari presentano tipicamente caratteristiche e proprietà molto più semplici rispetto al caso generale non lineare. Come astrazione o idealizzazione matematica, i sistemi lineari trovano importanti applicazioni nella teoria del controllo automatico, nell'elaborazione dei segnali e nelle telecomunicazioni. Un sistema deterministico generale può essere descritto dall'operatore H che mappa un ingresso $x(t)$ in funzione di t in un'uscita $y(t)$, un tipo di descrizione a scatola nera. I sistemi lineari soddisfano le proprietà di sovrapposizione e scalarità: dati due ingressi validi

$$x_1(t)$$
$$x_2(t)$$
as well as their respective outputs
$$y_1(t) = H\{x_1(t)\}$$
$$y_2(t) = H\{x_2(t)\}$$

Allora un sistema lineare deve soddisfare $\alpha y_1(t) + \beta y_2(t) = H\{\alpha x_1(t)\} + H\{\beta x_2(t)\}$ per qualsiasi valore scalare a e β.

Il comportamento del sistema risultante sottoposto a un input complesso può essere descritto come una somma di risposte a input più semplici. Questa proprietà matematica rende la soluzione delle equazioni di modellazione più semplice di molti sistemi non lineari. Per i sistemi tempo-invarianti questo è il fondamento dei metodi di risposta all'impulso o di risposta in frequenza, che descrivono una funzione di ingresso generale $x(t)$ in termini di impulsi unitari o componenti di frequenza.

Le tipiche equazioni differenziali dei sistemi lineari tempo-invarianti si adattano bene all'analisi mediante la trasformata di Laplace nel caso continuo e la trasformata Z nel caso discreto (soprattutto nelle implementazioni al computer). Un'altra prospettiva è che le soluzioni dei sistemi lineari comprendono un sistema di funzioni che si comportano come vettori in senso geometrico. Un uso comune dei modelli lineari è quello di descrivere un sistema non lineare mediante linearizzazione. Questo viene fatto di solito per comodità matematica.

1.1.2 Sistema non lineare

In matematica, un **sistema non lineare** è un sistema di natura non lineare, cioè un sistema che non soddisfa il principio di sovrapposizione. Il comportamento del sistema risultante sottoposto a input complessi non può essere descritto come una somma di risposte nel caso di sistemi non lineari. In termini meno tecnici, un sistema non lineare è un problema in cui la variabile o le variabili da risolvere non possono essere scritte come una somma lineare di componenti indipendenti. Un sistema non omogeneo, che è lineare a parte la presenza di una funzione delle variabili indipendenti, è non lineare secondo una definizione rigorosa, ma tali sistemi sono di solito studiati insieme ai sistemi lineari, perché possono essere trasformati in un sistema lineare purché sia nota una particolare soluzione. In generale, i problemi non lineari di sono difficili (se possibile) da risolvere e sono molto meno comprensibili rispetto ai problemi lineari. Anche se non esattamente risolvibili, il risultato di un problema lineare è piuttosto prevedibile, mentre quello di un problema non lineare non lo è per natura.

I problemi non lineari sono interessanti per i fisici e i matematici perché la maggior parte dei sistemi fisici sono intrinsecamente non lineari. Gli esempi fisici di sistemi lineari non sono molto comuni. Le equazioni non lineari sono difficili da risolvere e danno origine a fenomeni interessanti come il caos. Il tempo atmosferico è notoriamente non lineare, dove semplici cambiamenti in una parte del sistema producono effetti complessi in tutto il sistema. Una delle maggiori difficoltà dei problemi non lineari è che in genere non è possibile combinare soluzioni note in nuove soluzioni. Nei problemi lineari, ad esempio, una famiglia di soluzioni linearmente indipendenti può essere utilizzata per costruire soluzioni generali attraverso il principio di sovrapposizione. Spesso è possibile trovare diverse soluzioni molto specifiche di equazioni non lineari; tuttavia, la mancanza di un principio di sovrapposizione impedisce la costruzione di nuove soluzioni.

1.1.3 Non linearità nei sistemi

Una linearità assolutamente perfetta non esiste in nessun sistema reale. Esistono diversi tipi di non linearità e sono presenti in misura variabile in tutti i sistemi meccanici, anche se molti sistemi reali si avvicinano al comportamento lineare, soprattutto con piccoli livelli di ingresso. Se un sistema non è perfettamente lineare, produrrà frequenze in uscita che non esistono in ingresso. Un esempio è un amplificatore stereo o un registratore a nastro che produce armoniche del segnale di ingresso. Questo fenomeno è chiamato "distorsione armonica" e degrada la qualità della musica riprodotta. La distorsione armonica peggiora quasi sempre ad alti livelli di segnale. Un esempio è dato da una piccola radio che suona relativamente "pulita" a bassi livelli di volume, ma che risulta aspra e distorta ad alti livelli di volume.

Molti sistemi sono quasi lineari in risposta a piccoli input, ma diventano non lineari a livelli di eccitazione più elevati. A volte esiste una soglia definita, in cui i livelli di ingresso solo di poco superiori alla soglia determinano una grave non linearità. Un esempio di questo è il "clipping" di un amplificatore quando il livello del segnale di ingresso supera la capacità di oscillazione della tensione o della corrente dell'alimentatore. Questo è analogo a un sistema meccanico in cui una parte è libera di muoversi finché non incontra un arresto, come ad esempio un alloggiamento di un cuscinetto allentato che può muoversi un po' prima di essere fermato dai bulloni di montaggio.

1.1.4 Perché il controllo non lineare?

Sebbene il controllo lineare abbia una storia di applicazioni industriali di successo, i ricercatori e i progettisti di vaste aree come i velivoli e i veicoli spaziali, la robotica, il controllo dei processi, l'ingegneria biomedica ecc. hanno recentemente mostrato molto interesse nello sviluppo e nell'applicazione di metodologie di controllo non lineari. Molte giustificazioni sono state fornite in questo contrasto. Alcune di esse sono discusse di seguito:

(i) I metodi di controllo lineare si basano sul presupposto fondamentale del funzionamento in un intervallo ridotto affinché il modello lineare sia valido. Quando il campo di funzionamento richiesto è ampio, è probabile che un controllore lineare abbia prestazioni molto scarse o sia instabile, perché le non linearità del sistema non possono essere compensate adeguatamente. I controllori non lineari, invece, possono gestire direttamente le non linearità nel funzionamento ad ampio raggio.

(ii) Un presupposto importante del controllo lineare è che il modello del sistema sia effettivamente linearizzabile. Tuttavia, nei sistemi di controllo esistono molte non linearità la cui natura discontinua non consente un'approssimazione lineare. Queste cosiddette "non linearità dure" comprendono fattori come l'attrito coulombiano, la saturazione, le zone morte, il gioco, l'isteresi, ecc. e sono spesso presenti nell'ingegneria del controllo.

(iii) Nella progettazione di controllori lineari, è necessario assumere che i parametri del modello del sistema siano ragionevolmente noti. Tuttavia, molti problemi di controllo comportano incertezze nei parametri del modello. Ciò può essere dovuto a una lenta variazione temporale dei parametri (ad esempio, la pressione dell'aria ambiente durante il volo di un aereo) o a una brusca variazione dei parametri.

Pertanto, il tema del controllo non lineare è un'area importante del controllo automatico. L'apprendimento delle tecniche di base dell'analisi e della progettazione del controllo non lineare può migliorare significativamente la capacità di un ingegnere di controllo di affrontare efficacemente i problemi pratici del controllo . Inoltre, consente di comprendere meglio il mondo reale, che è intrinsecamente non lineare. Il tema della progettazione di controlli non lineari per il funzionamento a grande distanza ha attirato particolare attenzione perché, da un lato, l'avvento di potenti microprocessori ha reso l'implementazione di controllori non lineari relativamente più semplice, dall'altro, la tecnologia moderna, come i robot ad alta velocità e alta precisione o gli aerei ad alte prestazioni, eccetera, richiede sistemi di controllo con specifiche di progettazione molto più rigorose.

1.2 Costituenti del Soft Computing e IA convenzionale

La scienza si è evoluta cercando di comprendere e prevedere il comportamento dell'universo e dei sistemi al suo interno. Gran parte di ciò si basa sulla ricerca di modelli adeguati, che concordino con le osservazioni. Questi modelli sono in forma simbolica, che gli esseri umani utilizzano, e in forma matematica, ricavati da leggi fisiche. La maggior parte dei sistemi è di natura causale e può essere classificata come statica, in cui l'output dipende dagli input attuali, o dinamica, in cui l'output non dipende solo dagli input attuali, ma anche dagli input e dagli output passati. I sistemi possono anche possedere input non osservabili, che non possono essere misurati ma che influenzano l'output del sistema. Questi sono noti come disturbi che aggravano il processo di modellazione.

Soprattutto la moderna teoria del controllo ha ottenuto enormi successi in aree in cui i sistemi sono ben definiti, ma non è riuscita a far fronte alla praticità di molti processi e sistemi industriali, nonostante lo sviluppo di un enorme corpus di conoscenze matematiche. Le ragioni sono indubbiamente molteplici, ma fondamentalmente si tratta della mancanza di una conoscenza strutturale dettagliata dei processi e dei sistemi, che impedisce le incertezze e le imprecisioni parametriche e strutturali, che precludono l'uso delle conoscenze disponibili. Ciononostante, si osserva che in una classe piuttosto ampia di situazioni industriali un operatore può essere in grado di controllare un sistema manualmente (o in modo semiautomatico) sulla base della sua esperienza e/o conoscenza dell'impianto. La capacità dell'operatore di interpretare affermazioni linguistiche sul processo e di ragionare in modo qualitativo spinge a chiedersi: *possiamo utilizzare queste informazioni nei sistemi intelligenti?* Si prevede che l'operatore sia in grado di svolgere il proprio compito sulla base dell'apprendimento e delle capacità di ragionamento approssimativo del cervello umano che integrano l'intelligenza. Tuttavia, questo aspetto non viene normalmente considerato quando si ricava un modello matematico preciso.

Per far fronte alla complessità dei sistemi dinamici, negli ultimi due decenni e mezzo si sono registrati sviluppi significativi nella modellazione e nel controllo. I problemi complessi del mondo reale richiedono sistemi intelligenti che combinino conoscenze, tecniche e metodologie provenienti da varie fonti. Questi sistemi intelligenti dovrebbero possedere competenze simili a quelle umane all'interno di un dominio specifico, adattarsi e imparare a fare meglio in ambienti mutevoli e spiegare come prendono decisioni o intraprendono azioni. Il soft computing è costituito da diversi paradigmi informatici, tra cui le reti neurali, la teoria degli insiemi fuzzy, il ragionamento approssimativo e i metodi di ottimizzazione senza derivati, come gli algoritmi genetici e la ricottura simulata. Ognuna di queste metodologie ha i suoi punti di forza. Di seguito vengono brevemente illustrate:

(i)   Le **reti neurali** si ispirano ai sistemi nervosi biologici, riconoscono gli schemi e li adattano per far fronte ai cambiamenti dell'ambiente. I ricercatori modellano il cervello come una dinamica non lineare in tempo continuo in architetture connessioniste che dovrebbero imitare i meccanismi cerebrali ai fini della simulazione.

(ii)   **I sistemi di inferenza fuzzy** forniscono un calcolo sistematico per gestire informazioni imprecise e incomplete dal punto di vista linguistico ed eseguire calcoli numerici utilizzando etichette linguistiche stipulate da funzioni di appartenenza. Inoltre, la selezione di regole fuzzy **if-then** costituisce la componente chiave di un sistema di inferenza fuzzy in grado di modellare efficacemente le competenze umane in un'applicazione specifica.

(iii) La ricerca sull'*IA convenzionale* si concentra sul tentativo di imitare il comportamento intelligente umano esprimendolo in forma di linguaggio o di regole simboliche. L'IA convenzionale manipola fondamentalmente i simboli partendo dal presupposto che tale comportamento possa essere memorizzato in basi di conoscenza strutturate simbolicamente. Questa è la cosiddetta ipotesi del sistema simbolico fisico. I sistemi simbolici forniscono una buona base per modellare gli esperti umani in alcune aree problematiche ristrette, se è disponibile una conoscenza esplicita. Il prodotto di AI convenzionale di maggior successo è il sistema basato sulla conoscenza o sistema esperto.

Poiché il presente lavoro si basa sull'applicazione della logica fuzzy, nel terzo capitolo viene fornita una breve spiegazione della logica fuzzy.

CAPITOLO II

Rassegna della letteratura

Il concetto di modello matematico è fondamentale per l'analisi e la progettazione dei sistemi, che richiede la rappresentazione del fenomeno dei sistemi come una dipendenza funzionale tra variabili di ingresso e di uscita interagenti. La capacità di gestire le informazioni linguistiche e numeriche in modo sistematico ed efficiente è uno dei vantaggi più importanti dei modelli Iuzzy. La seconda proprietà importante dei modelli Iuzzy è la loro capacità di gestire la non linearità. Tuttavia, mentre le tecniche di identificazione dei sistemi lineari sono ormai ben sviluppate e sono state ampiamente applicate, esistono pochissimi risultati per l'identificazione dei sistemi non lineari.

Secondo la definizione di Zadeh [1], data una classe di modelli, il problema dell'identificazione del sistema consiste nell'individuare un modello all'interno della classe che possa essere considerato equivalente a un sistema target rispetto alle coppie di dati di input-output. Il modello identificato può quindi essere utilizzato per spiegare il comportamento del sistema target e per scopi di previsione e controllo. Con l'articolo fondamentale di Zadeh [1], i sistemi logici Iuzzy hanno attirato l'attenzione di diversi ricercatori nel campo del controllo. È emerso che le tecniche FLS riducono drasticamente i tempi e i costi di sviluppo per la sintesi di controllori non lineari per sistemi dinamici. Nella logica fuzzy, invece di ricorrere a una precisa modellazione matematica, il modello di un sistema e il controllore sono derivati da alcune regole presentate in forma linguistica, note come modello fuzzy. Queste regole, formulate in termini di variabili linguistiche, fanno uso di alcuni metodi di ragionamento, basati sull'esperienza o su conoscenze ingegneristiche avanzate.

L'identificazione dei sistemi fuzzy [2, 3, 4] ha suscitato molto interesse in passato. Con questa tecnica, di solito si presuppone che non ci sia una conoscenza preliminare del sistema o che la conoscenza degli esperti non sia sufficientemente affidabile. In questo caso, invece di utilizzare un'interpretazione a priori fissa del sistema, spesso si utilizzano i dati grezzi di input-output per aumentare la propria conoscenza a priori o forse anche per generare nuova conoscenza sul sistema. Questo approccio è stato inizialmente proposto da Takagi-Sugeno-Kang con il nome di of fuzzy modeling. La modellazione TSK viene anche definita identificazione del sistema [5].

Per costruire un modello, il primo passo è l'identificazione degli ingressi significativi tra i molti candidati. Per i sistemi a ritardo temporale, gli ingressi precedenti sono i candidati per un modello.

Gli ingressi precedenti significativi sono in grado di gestire i ritardi temporali nel modello di un sistema reale. D'altra parte, per incorporare la dinamica di un sistema nel suo modello, le uscite passate vengono prese come candidati input per un modello. Gli output passati significativi, se considerati come input del modello, indicano la dinamica di un sistema.

Al momento di modellare sistemi reali, di solito si tratta di un gran numero di variabili di input. Per ottenere modelli semplici e trasparenti, ma accurati e affidabili, è necessario determinare le variabili più importanti. Nella modellazione fuzzy non esistono criteri rigorosi per la selezione degli input. Di conseguenza, è necessario ricorrere a metodi euristici. Trovare una soluzione ottimale spesso richiede l'esame di diversi modelli per ogni possibile combinazione di input, il che diventa computazionalmente intrattabile anche per un numero ragionevole di attributi di input. Per evitare ciò, sono stati utilizzati metodi euristici che generano modelli fuzzy in sequenza aumentando (selezione in avanti) [6] o diminuendo (selezione all'indietro) [7, 8] il numero di input coinvolti. Questi metodi alleggeriscono, ma non eliminano l'onere computazionale della ricerca combinatoria.

Altri approcci alla selezione degli input sono le curve e le superfici fuzzy [9] e l'eliminazione degli input basata sulla correlazione. Questi metodi richiedono uno sforzo computazionale minore rispetto ai metodi di selezione in avanti e all'indietro sopra menzionati. L'errore del modello sarà minimo se le variabili identificate sono quelle che influenzano l'uscita del sistema. Inoltre, se mancano alcune variabili o se ne vengono identificate altre, l'errore del modello non sarà minimo nella modellazione fuzzy. Viene proposto un nuovo criterio per l'identificazione delle sole variabili che influenzano effettivamente l'uscita del sistema, tra i candidati di ingresso che utilizzano la curva fuzzy. Partendo dal presupposto che l'uscita viene valutata per ogni singolo ingresso, le curve fuzzy possono essere utilizzate anche per determinare il numero di regole.

Il secondo passo è l'identificazione della struttura [10, 11], che comporta la stima dei parametri per la struttura del modello specificata. Per un sistema dinamico lineare, la stima dei parametri è un compito facile e sono già stati sviluppati algoritmi ben noti, ma non è altrettanto facile per un sistema dinamico non lineare. A causa di questa difficoltà, le tecniche di logica fuzzy hanno attirato l'attenzione di diversi ricercatori.

Tra le diverse tecniche di modellazione fuzzy, il modello Takagi-Sugeno (TS) [5] ha attirato la maggiore attenzione. Questo modello consiste in regole "se-allora" con antecedenti fuzzy e funzioni matematiche nella parte conseguente. Gli insiemi fuzzy antecedenti suddividono lo spazio di input in un certo numero di regioni fuzzy, mentre la funzione conseguente ha una relazione lineare o non lineare degli input nello spazio di output. Per prima cosa lo spazio di input viene partizionato utilizzando un algoritmo di clustering fuzzy. Inoltre, non esiste un approccio generalizzato per la determinazione di un insieme di regole ottimale; il clustering può essere utilizzato per determinare il numero ottimale di regole dalle posizioni centrali nell'iperspazio input-output, in base all'ottimizzazione di una determinata funzione obiettivo.

Nel clustering fuzzy, ogni punto ha un grado di appartenenza ai cluster, come nella logica fuzzy, piuttosto che appartenere completamente a un solo cluster. Pertanto, i punti ai margini di un cluster possono appartenere al cluster in misura minore rispetto ai punti al centro del cluster. Fuzzy c-means è un algoritmo di raggruppamento dei dati in cui ogni punto di dati appartiene a un cluster a un grado specificato da un grado di appartenenza ed esegue il raggruppamento sulla base della minimizzazione della "distanza" totale di ogni punto di dati dai centri del cluster. Un problema critico per l'algoritmo FCM è come determinare il numero ottimale di cluster. L'algoritmo è in grado di individuare solo i cluster con la stessa forma e orientamento. Inoltre, nessuna garanzia assicura che FCM converga a una soluzione ottimale.

Gustafson e Kessel [12] hanno esteso l'algoritmo fuzzy c-means standard impiegando una distanza adattiva per individuare cluster di forme geometriche diverse in un insieme di dati. Tuttavia, nel clustering GK standard si verificano spesso problemi numerici quando il numero di campioni di dati è piccolo o quando i dati all'interno di un cluster sono linearmente correlati. In questi casi, la matrice di covarianza del cluster diventa singolare e non può essere invertita per calcolare la matrice che induce la norma. Gath e Geva [13] hanno utilizzato un algoritmo di clustering basato sulla stima della massima verosimiglianza fuzzy che è in grado di rilevare cluster di forme, dimensioni e densità diverse. La matrice di covarianza dei cluster viene utilizzata insieme a una distanza "esponenziale" e i cluster non sono vincolati nel volume. Tuttavia, questo algoritmo è meno robusto, nel senso che ha bisogno di una buona inizializzazione, in quanto, a causa della norma della distanza esponenziale, converge a un quasi ottimo locale.

Yager e Filev [14] hanno sviluppato il metodo delle montagne per stimare i centroidi dei cluster. Questo semplice metodo stima i centroidi dei cluster costruendo e distruggendo la funzione montagna su uno spazio a griglia. Tuttavia, sebbene il metodo della montagna sia efficace per gli insiemi di dati a bassa dimensionalità, diventa proibitivamente inefficiente quando viene applicato a dati ad alta dimensionalità. Per ridurre la complessità computazionale di questo metodo, Chiu [15] ha proposto di calcolare la funzione montagna sui punti dei dati anziché sui punti della griglia, un approccio noto come clustering sottrattivo. Può essere utilizzato come clustering a sé stante o per stimare i centroidi iniziali dei cluster per altri metodi di clustering come FCM [16].

I problemi principali del clustering sono: (i) come trovare il numero c di cluster per un dato insieme di vettori quando c è sconosciuto e (ii) come valutare la validità di un dato raggruppamento di un insieme di dati in c cluster.

Il lavoro pionieristico di Takagi e Sugeno [5] nella modellazione e nel controllo fuzzy ha portato a diversi lavori riportati in letteratura [17-18]. Si tratta di un approccio multi-modello [19]. L'idea di base di questo approccio è quella di scomporre il complicato spazio degli ingressi in sottospazi e quindi approssimare il sistema in ogni sottospazio con un semplice modello di regressione lineare. Il modello fuzzy complessivo viene considerato come una combinazione di sottosistemi interconnessi con modelli più semplici. In seguito Yager e Filev [20] hanno utilizzato la regressione non lineare per la parte conseguente invece della regressione lineare di Sugeno [11]. La prima applicazione della logica fuzzy alla progettazione di controllori da parte di Mamdani [21], in presenza di incertezze strutturali/parametriche e di imprecisione dei processi/sistema, ha dato impulso a diverse applicazioni di controllo.

Nell'approccio a scatola nera, dobbiamo costruire un modello dinamico utilizzando solo i dati di input e output. Questa fase della modellazione viene solitamente definita identificazione. Il modello TS ha la capacità eccellente di descrivere un dato sistema sconosciuto ed è molto adatto per il controllo basato su modelli. L'identificazione delle premesse presenta due problemi: uno è quello di trovare quali variabili sono necessarie nelle premesse. L'altro è che dobbiamo trovare una partizione fuzzy ottimale dello spazio degli ingressi, che è un problema peculiare della modellazione fuzzy [1].

Lo spazio di input (spazio delle premesse) del modello è suddiviso in una serie di sottospazi. Il numero di regole corrisponde al numero di sottospazi fuzzy.

CAPITOLO III

FuzzyLogic

3.1 Introduzione

Il concetto di logica fuzzy (FL) è stato concepito da Lotif Zadeh [1], professore presso l'Università della California a Berkley, come un modo di elaborare i dati consentendo l'appartenenza a un insieme parziale piuttosto che l'appartenenza o la non appartenenza a un insieme netto. La FL è una metodologia per la risoluzione dei problemi dei sistemi di controllo che si presta all'implementazione in sistemi che vanno da semplici microcontrollori incorporati di piccole dimensioni a grandi sistemi di acquisizione dati e controllo basati su PC o workstation, collegati in rete e multicanale. Può essere implementata in hardware, software o in una combinazione di entrambi. FL fornisce un modo semplice per arrivare a una conclusione definitiva sulla base di informazioni di ingresso vaghe, ambigue, imprecise, rumorose o mancanti. L'approccio di FL ai problemi di controllo imita il modo in cui una persona prende le decisioni, solo molto più velocemente.

La logica fuzzy è una metodologia di progettazione alternativa, più semplice e più veloce. La logica fuzzy riduce il ciclo di sviluppo della progettazione, ne semplifica la complessità e migliora il time-to-market. È una soluzione alternativa migliore al controllo non lineare. La logica fuzzy migliora le prestazioni del controllo, semplifica l'implementazione e riduce i costi dell'hardware. Può essere applicata allo sviluppo di sistemi lineari e non lineari per il controllo embedded. Utilizzando la logica fuzzy, i progettisti possono ottenere costi di sviluppo inferiori, caratteristiche superiori e migliori prestazioni del prodotto finale. Inoltre, i prodotti possono essere immessi sul mercato in modo più rapido ed economico.

Con l'approccio convenzionale, il primo passo consiste nel comprendere il sistema fisico e i suoi requisiti di controllo. Sulla base di questa comprensione, il secondo passo è quello di sviluppare un modello che includa l'impianto, i sensori e gli attuatori. Il terzo passo consiste nell'utilizzare la teoria del controllo lineare per determinare una versione semplificata del controllore, come i parametri di un controllore PID. Il quarto passo consiste nello sviluppare un algoritmo per il controllore semplificato. L'ultima fase consiste nel simulare il progetto, compresi gli effetti della non linearità, del rumore e delle variazioni dei parametri. Se le prestazioni non sono soddisfacenti, dobbiamo modificare la modellazione del sistema, riprogettare il controllore, riscrivere l'algoritmo e riprovare il processo. Con la logica fuzzy, il primo passo consiste nel comprendere e caratterizzare il comportamento del sistema utilizzando le nostre conoscenze ed esperienze. Il secondo passo consiste nel progettare direttamente l'algoritmo di controllo utilizzando regole fuzzy, che descrivono i principi di regolazione del controllore in termini di relazione tra ingressi e uscite. L'ultima fase consiste nella simulazione e nel debug del progetto. Se le prestazioni non sono soddisfacenti, è sufficiente modificare alcune regole fuzzy e riprovare.

Sebbene le due metodologie di progettazione siano simili, la metodologia fuzzy semplifica sostanzialmente il ciclo di progettazione, in quanto elimina la complessa matematica coinvolta nel suo modello matematico. Ne derivano alcuni vantaggi significativi, menzionati di seguito:

- Con una metodologia di progettazione a logica fuzzy si eliminano alcune fasi che richiedono tempo. Inoltre, durante il ciclo di debug e messa a punto si può cambiare il sistema semplicemente modificando le regole, invece di riprogettare il controllore. Inoltre, poiché il controllo fuzzy è basato su regole, non è necessario essere esperti in un linguaggio di alto o basso livello, il che consente di concentrarsi maggiormente sull'applicazione anziché sulla programmazione. Di conseguenza, la logica fuzzy riduce notevolmente il ciclo di sviluppo complessivo.

- La logica fuzzy consente di descrivere sistemi complessi utilizzando le proprie conoscenze ed esperienze in semplici regole di tipo inglese. Non richiede alcuna modellazione del sistema o complesse equazioni matematiche che regolano la relazione tra ingressi e uscite. Le regole fuzzy sono molto facili da imparare e da usare, anche per i non esperti. In genere bastano poche regole per descrivere sistemi che altrimenti richiederebbero molte righe di software convenzionale. È evidente che l'approccio basato sulle regole fuzzy semplifica notevolmente la complessità della progettazione.

- Le applicazioni commerciali nel campo del controllo incorporato richiedono un notevole sforzo di sviluppo, la maggior parte del quale è dedicata alla parte software del progetto. Il tempo di sviluppo è funzione della complessità del progetto e del numero di iterazioni necessarie nel ciclo di debug e messa a punto. Si può quindi osservare che una metodologia di progettazione basata su fuzzy affronta entrambi i problemi in modo molto efficace. Inoltre, grazie alla sua semplicità, la descrizione di un controllore fuzzy non solo è trasportabile tra i vari team di progettazione, ma fornisce anche un mezzo superiore per preservare, mantenere e aggiornare la proprietà intellettuale. Di conseguenza, la logica fuzzy può migliorare notevolmente il time to market.

- La maggior parte dei sistemi fisici reali sono in realtà sistemi non lineari. Gli approcci di progettazione convenzionali utilizzano diversi metodi di approssimazione per gestire la non linearità. Alcune scelte tipiche sono: approssimazioni lineari, lineari parziali e tabelle di lookup per bilanciare i fattori di complessità, costo e prestazioni del sistema. Una tecnica di approssimazione lineare è relativamente semplice, ma tende a limitare le prestazioni del controllo e può essere costosa da implementare in alcune applicazioni. Una tecnica lineare a tratti funziona meglio, anche se è noiosa da implementare perché spesso richiede la progettazione di diversi controllori lineari. La tecnica della tabella di lookup può contribuire a migliorare le prestazioni del controllo, ma è difficile da debuggare e mettere a punto. Inoltre, nei sistemi complessi in cui sono presenti più ingressi, una tabella di lookup può essere poco pratica o molto costosa da implementare a causa dei suoi grandi requisiti di memoria. La logica fuzzy offre una soluzione alternativa al controllo non lineare perché è più vicina al mondo reale. La non linearità è gestita dalle regole, dalle funzioni di appartenenza e dal processo di inferenza, con conseguente miglioramento delle prestazioni, semplificazione dell'implementazione e riduzione dei costi di progettazione.

Se il modello di un sistema non è disponibile a priori, ma sono disponibili solo gli insiemi di dati di input-output, sorge la necessità di ricorrere alle tecniche di logica fuzzy per determinare la struttura, cioè il numero di regole fuzzy, del sistema dopo aver determinato gli input significativi che influenzano l'output del sistema. La logica fuzzy è un modello dalla struttura trasparente e interpretabile ed è in grado di rappresentare una relazione funzionale altamente non lineare utilizzando un numero ragionevole di regole fuzzy. Successivamente si devono apprendere i parametri del modello alla base del sistema fuzzy e poi controllare il sistema stesso in modo che abbia le prestazioni desiderate.

3.2 Logica e sistemi fuzzy

La logica fuzzy è stata inventata negli anni Sessanta dai maggiori esperti di ingegneria del controllo, che si sono resi conto che la teoria del controllo era diventata abbastanza potente da portare avanti da sola il suo sviluppo , ma c'erano molti problemi reali che non riuscivano a risolvere. La maggior parte dei problemi reali di sistemi complessi coinvolge gli uomini. Di conseguenza, l'applicazione della teoria del controllo a sistemi di controllo complessi richiede una comprensione formale di come un operatore umano comprende il suo sistema, quali sono i suoi obiettivi e come si comporta quando lo controlla. Ciò richiede uno strumento dedicato per rappresentare le informazioni di origine umana in modo flessibile. È qui che entra in gioco la logica fuzzy.

La logica fuzzy è stata progettata principalmente per rappresentare e ragionare con una particolare forma di conoscenza. Si riferisce a calcoli numerici basati su regole fuzzy, allo scopo di modellare una funzione numerica nell'ingegneria dei sistemi. Tuttavia, nella letteratura matematica, per logica fuzzy si intende la logica a valori multipli con lo scopo di modellare il valore di verità parziale e la vaghezza. Infine, la logica fuzzy è stata meglio compresa da Zadeh [1] come comprendente i metodi basati sugli insiemi fuzzy per il ragionamento approssimativo.

3.3 Sistema di controllo logico Fuzzy di base

Quando la logica fuzzy viene applicata al controllo, viene generalmente definita "controllo a logica fuzzy" (FLC). I controllori fuzzy, contrariamente ai controllori classici, sono in grado di utilizzare la conoscenza acquisita dagli operatori umani. La Fig.3.1 mostra la configurazione di base di un FLC. Questo è fondamentale per i problemi di controllo per i quali è difficile o addirittura impossibile costruire modelli matematici precisi, o per i quali i modelli acquisiti sono difficili o costosi da usare.

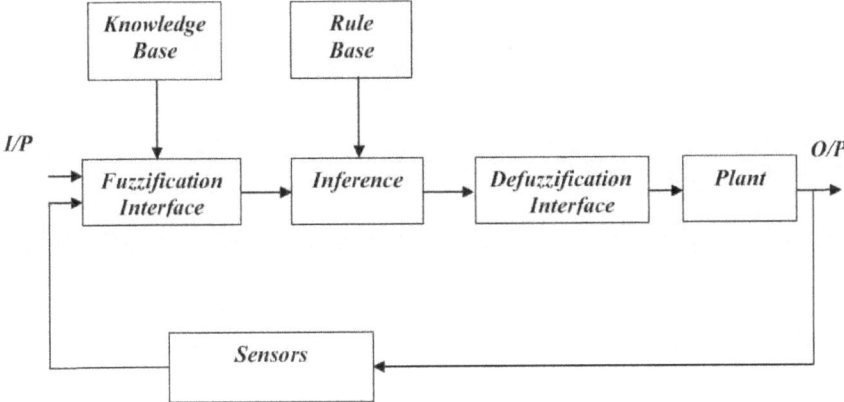

Fig. 3.1. Configurazione di base diFLC

Queste difficoltà possono derivare da non linearità intrinseche, dalla natura variabile nel tempo dei processi da controllare, da grandi disturbi ambientali imprevedibili, dal degrado dei sensori o da altre difficoltà nell'ottenere misure precise e affidabili e da una serie di altri fattori. La conoscenza è difficile da esprimere in termini precisi, ma una descrizione linguistica imprecisa della modalità di controllo può essere articolata dall'operatore con relativa facilità. Questa descrizione linguistica consiste in un insieme di regole di controllo che fanno uso di proposizioni fuzzy.

3.3.1   Parametri di progettazione diFLC

I principali elementi di progettazione di un sistema di controllo generale a logica fuzzy sono i seguenti:

(i) Strategie di fuzzificazione e interpretazione di un operatore di fuzzificazione, o fuzzificatore.

L'interfaccia di fuzzificazione comprende le seguenti funzioni:

(a) Misurare i valori delle variabili di ingresso;

(b) Eseguire la mappatura della scala che trasferisce la gamma di valori delle variabili di input nel corrispondente Universo del discorso;

(c) Esegue la funzione di fuzzificazione che converte i dati di input in valori linguistici adeguati, che possono essere visti come etichette di insiemi fuzzy.

(ii) Base di conoscenza

(a) DiscretizzazioneZnormalizzazione dell'universo del discorso.

(b) Partizione fuzzy degli spazi di ingresso e di uscita

(c) Completezza delle partizioni

(d) Scelta delle funzioni di appartenenza di un insieme fuzzy primario.

(iii) Base della regola

(a) Scelta delle variabili di stato del processo (ingresso) e delle variabili di controllo (uscita)

(b) Fonte di derivazione delle regole di controllo fuzzy.

(c) Tipi di regole di controllo fuzzy

(d) Consistenza, interattività e completezza delle regole di controllo fuzzy.

(iv) Logica decisionale

La logica decisionale è il nucleo dell'FLC; ha la capacità di simulare il processo decisionale umano basato su concetti fuzzy e di dedurre azioni di controllo fuzzy.

(a) Definizione di implicazione fuzzy.

(b) Interpretazione di un connettivo di frase *e*

(c) Interpretazione di un connettivo di frase *o*

(d) Meccanismo di inferenza.

(v) Strategie di defuzzificazione e interpretazione di una defuzzificazione

operatore (defuzzificatore).

L'interfaccia di defuzzificazione svolge le seguenti funzioni:

(a) Una mappatura di scala, che converte la gamma di valori delle variabili di output in corrispondenti Universi del discorso.

(b) Defuzzificazione, che produce un'azione di controllo non fuzzy da un'azione di controllo fuzzy dedotta.

3.3.2   Progettazione di sistemi di controllo fuzzy

La maggior parte delle situazioni di controllo sono più complesse di quelle trattate matematicamente. In tali situazioni è possibile sviluppare il controllo fuzzy, a condizione che esista un corpo di conoscenze sul processo, formato da un certo numero di regole fuzzy. Supponiamo che venga fornita l'uscita di un processo industriale. Possiamo calcolare la differenza tra l'uscita desiderata e l'uscita calcolata, cioè l'errore, e anche il tasso di errore. Il diagramma schematico illustrato nella Fig. 3.2. mostra questa idea. Un input al processo industriale (sistema fisico) proviene dal controllore. Il sistema fisico risponde con un'uscita, che viene campionata e misurata da un dispositivo. L'uscita misurata è una quantità nitida, che può essere fuzzificata in un insieme fuzzy. Questa uscita fuzzy viene quindi considerata come l'ingresso fuzzy in un controllore fuzzy, che consiste in regole linguistiche. L'uscita del controllore fuzzy è quindi un'altra serie di insiemi fuzzy, che devono essere convertiti in quantità nitide utilizzando metodi di defuzzificazione. Questi valori di controllo-uscita defuzzificati diventano quindi i valori di ingresso del sistema fisico e l'intero ciclo ad anello chiuso si ripete.

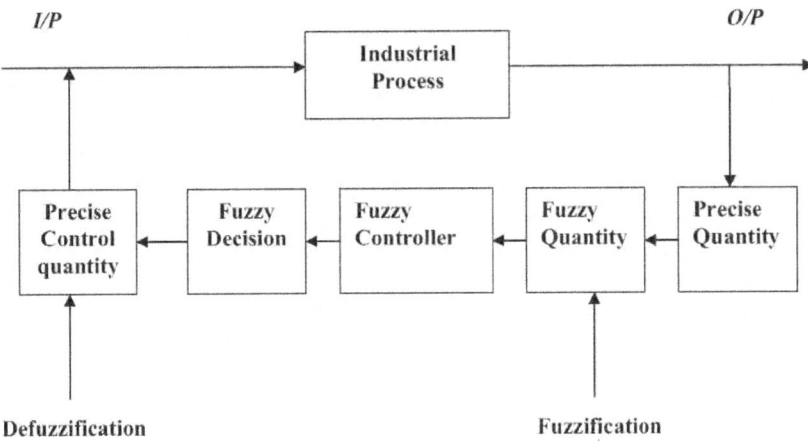

Fig.3.2. Tipica situazione di controllo Fuzzy ad anello chiuso

3.3.3 Dal controllo fuzzy alla modellazione fuzzy

Una regola fuzzy in un controllore di Mamdani [21] è vista al contrario come un prodotto cartesiano fuzzy dei suoi ingressi fuzzy e della sua uscita fuzzy. Si tratta di un punto fuzzy nello spazio ingresso-uscita e l'insieme delle regole fuzzy è inteso come un grafo fuzzy. Inoltre, Takagi e Sugeno [5] hanno notato che l'uso di conclusioni fuzzy non è assolutamente necessario. Hanno proposto regole fuzzy con condizioni fuzzy e conclusioni precise. Hanno notato che la conclusione precisa poteva dipendere dalle variabili di ingresso, aprendo così la strada a un approccio fattibile all'identificazione dei sistemi fuzzy.

Questa proposta di rappresentare un sistema dinamico attraverso una combinazione di modelli e di metodi di identificazione, sia strutturali che parametrici, ha avuto un impatto significativo sulla ricerca sui sistemi fuzzy: Si suggerisce che il sistema basato su regole fuzzy possa essere utilizzato come strumento per la modellazione di sistemi non lineari. Ha portato i ricercatori a considerare un sistema basato su regole fuzzy come un approssimatore universale di funzioni, mettendo così a nudo una connessione tra sistemi fuzzy e reti neurali. Inoltre, ha reinserito il controllo fuzzy nella tradizione dell'ingegneria del controllo: se i modelli basati su regole fuzzy possono essere identificati su , i controllori fuzzy possono essere ottenuti dai modelli fuzzy.

3.3.4 Controllo basato su modelli fuzzy

La Fig.3.3. mostra l'architettura di base di un sistema di controllo fuzzy diretto, in cui i parametri del controllore vengono manipolati direttamente senza ricorrere all'identificazione del sistema fisico. Questo tipo di controllore non tiene conto di alcuna informazione proveniente dal sistema fisico; di solito viene chiamato controllore fuzzy model-free. La Fig.3.4. mostra l'architettura di un sistema di controllo fuzzy indiretto in cui viene costruito un modello fuzzy separato del sistema fisico e poi viene utilizzata una procedura di progettazione per calcolare il segnale di controllo. Questo sistema è solitamente chiamato controllore fuzzy basato sul modello. I dati di addestramento per il modello sono direttamente disponibili, a differenza del controllore fuzzy diretto che deve cercare di dedurre l'errore di controllo che ha causato l'errore di uscita del sistema fisico.

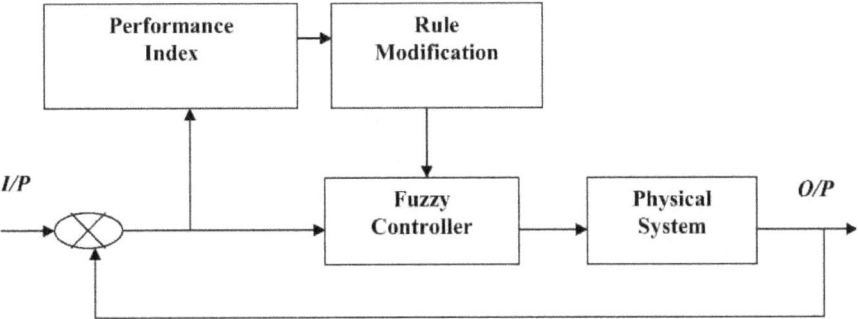

Fig.3.3. Controllore fuzzy senza modello

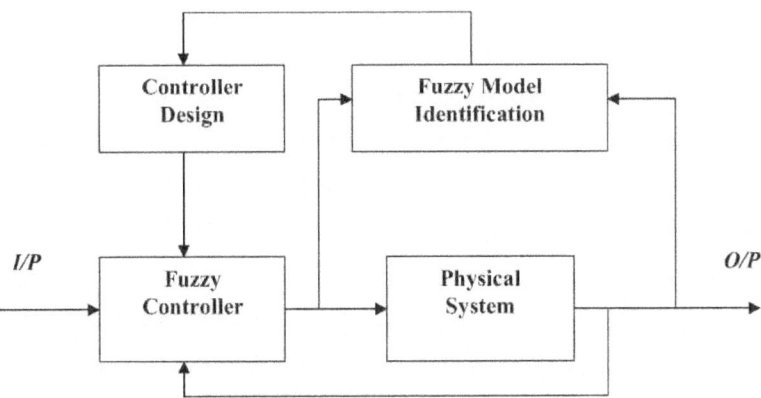

Fig.3.4. Controllore fuzzy basato sul modello

3.3.5 Problemi di modellazione fuzzy

Un sistema di inferenza fuzzy è un approssimatore universale. Lo svantaggio della maggior parte dei sistemi di inferenza fuzzy è la necessità di predefinire le funzioni di appartenenza e le regole fuzzy dai dati numerici in termini di espressione linguistica e la necessità di effettuare ragionamenti fuzzy. D'altra parte, con una funzione di appartenenza predefinita, il numero di regole fuzzy aumenta esponenzialmente con l'aumentare delle variabili di ingresso.

Anche se le regole non coprono forme rettangolari nell'iperspazio ingresso-uscita, il numero ottimale di regole è disposto in posizioni appropriate nello spazio fuzzy.

Per ottimizzare un sistema fuzzy adattivo utilizzato nella modellazione e nel controllo, è possibile regolare i seguenti parametri per ottenere le prestazioni desiderate:

- La forma della funzione associativa
- Il numero di regole utilizzate (struttura)

- Il meccanismo di inferenza

L'effetto della modifica delle funzioni di appartenenza è predominante rispetto agli altri due parametri, ma la dimensione della base di regole influisce sul tempo di calcolo. Per le applicazioni in tempo reale, l'ottimizzazione dei primi due parametri, ossia la funzione di appartenenza e il numero di regole, è necessaria per qualsiasi metodo di ragionamento fuzzy (meccanismi di inferenza).

3.3.6   Identificazione del modello fuzzy

Un modello fuzzy è un modello non lineare che consiste in un insieme di regole di mappatura fuzzy if then. Il problema dell'identificazione del modello fuzzy o della modellazione fuzzy è generalmente indicato come la determinazione di un modello fuzzy per un sistema o un processo facendo uso di uno o entrambi i tipi di informazioni: *informazioni linguistiche* ottenute da esperti umani e *informazioni numeriche* ottenute da strumenti di misura. La progettazione dei primi modelli fuzzy spesso prevedeva la regolazione manuale delle funzioni di appartenenza in base alle prestazioni del modello, ma questo richiedeva molto tempo ed era difficile da gestire per problemi ad alta dimensionalità. Uno dei problemi più importanti della modellazione basata su regole fuzzy è la costruzione delle funzioni di appartenenza. I principali vantaggi di un modello fuzzy sono:

- I modelli fuzzy forniscono un'aggiunta preziosa alla crescente necessità di modellizzazione non lineare, costruendo ingegnosamente partizioni fuzzy.

- Un modello fuzzy è in grado di approssimare una relazione funzionale altamente non lineare utilizzando un piccolo numero di regole fuzzy.

Esiste un'ampia varietà di tecniche per l'identificazione dei sistemi. Un aspetto critico comune a tutte queste tecniche è la selezione della complessità appropriata.

L'identificazione dei sistemi fuzzy consiste in tre sottoproblemi fondamentali:

(i)   Identificazione della struttura,

(ii)   Stima dei parametri

(iii) Convalida del modello.

3.3.7   Identificazione della struttura

L'identificazione della struttura di un modello fuzzy comporta quattro compiti:

(i) Trovare le variabili di input importanti tra tutte le possibili variabili di input,

(ii) Selezione delle funzioni associative,

(iii) Scegliere la struttura della partizione fuzzy dello spazio di input del modello, (iv) determinare il numero di regole fuzzy.

L'identificazione della struttura di un modello fuzzy consiste nel determinare un numero e una forma adeguati di partizioni fuzzy dello spazio input-output, poiché il numero di partizioni fuzzy fornisce il numero di regole e la forma delle partizioni fuzzy determina i parametri della funzione di appartenenza.

3.3.8 Stima dei parametri

L'obiettivo della stima dei parametri è trovare i valori migliori per un insieme di parametri del modello. La stima dei parametri può essere ottenuta anche utilizzando reti neurali e algoritmi genetici. L'ottimalità dei valori dei parametri è determinata da:

(i) Il modello si adatta bene ai dati di addestramento, questo approccio viene utilizzato per la modellazione di un impianto e di un'azienda,

(ii) Questo approccio viene spesso utilizzato per la progettazione di un controllore.

In un modello fuzzy esistono due categorie di parametri:

(i) Parametri delle funzioni associative antecedenti,

(ii) Parametri nella parte conseguente della regola

I problemi di stima dei parametri, in generale, comportano l'ottimizzazione dei parametri di appartenenza antecedenti e dei parametri conseguenti.

(i) I parametri dell'antecedente possono essere identificati utilizzando tecniche di clustering.

(ii) I parametri conseguenti possono essere identificati utilizzando gli algoritmi Recursive Least Square (RLS) e Least Mean Square (LMS).

Il modello Takagi-Sugeno (TS) ha attirato la maggiore attenzione. Questo modello prevede regole "*se-allora*" con antecedenti fuzzy e funzioni matematiche nella parte conseguente. Gli insiemi fuzzy antecedenti suddividono lo spazio di input in una serie di regioni fuzzy, mentre la funzione conseguente ha relazioni lineari o non lineari.

- **Stima dei parametri antecedenti**

I parametri antecedenti di un modello fuzzy possono essere stimati indipendentemente dai parametri conseguenti utilizzando varie tecniche di clustering. Il risultato del clustering viene utilizzato per determinare i parametri di una partizione fuzzy. Il clustering può essere applicato ai dati di formazione in ingresso o ai dati di formazione in uscita. Il clustering produce solitamente una partizione fuzzy dispersa dello spazio di input. Inoltre, non esiste un approccio generalizzato per la determinazione di un set di regole ottimale. Il clustering può essere utilizzato per determinare il numero ottimale di regole dalle posizioni centrali nell'iperspazio input-output, in base all'ottimizzazione di una determinata funzione obiettivo.

I parametri delle funzioni di appartenenza antecedenti possono essere costruiti a partire dalla media e dalla varianza di ciascun cluster. Utilizzando le funzioni di appartenenza gaussiane per rappresentare l'insieme fuzzy $A_{i,j}(x_{j,k})$

$$A_{i,j}(x_{j,k}) = \exp(\frac{1}{2}\frac{(x_{j,k} - v_{i,j})^2}{\sigma_{i,j}^2}) \qquad 3.1$$

Dove v_{ij} è il centro del cluster e σ_{ij} è l'ampiezza di ciascun cluster.

Ora che gli ingressi significativi sono stati determinati, lo spazio degli ingressi è stato partizionato e le funzioni associative antecedenti sono state ottenute, il passo successivo sarà quello di determinare la struttura della parte conseguente. L'identificazione dei parametri è semplicemente un problema di ottimizzazione con una funzione obiettivo. Utilizziamo i parametri ottenuti nel processo di clustering fuzzy come ipotesi iniziale per l'identificazione dei parametri. Per prima cosa si utilizza l'algoritmo di clustering FCM per costruire la base di regole. Quindi si regolano con precisione i parametri v_j e $\sigma_{i,(y)}$ delle funzioni di appartenenza mediante il metodo della discesa del gradiente.

- **Stima dei parametri conseguenti**

È necessario apprendere i parametri del modello alla base del sistema fuzzy e poi controllare il sistema stesso in modo che abbia le prestazioni desiderate. Per la messa a punto dei parametri del modello si può utilizzare un ibrido di due algoritmi di apprendimento di base: Gradient Descent (GD) e Least Square Estimation (LSE). Tuttavia, nessun algoritmo di discesa basato sul gradiente garantisce di trovare l'optimum globale di una funzione obiettivo complessa in un periodo di tempo finito, poiché porta inevitabilmente alla convergenza verso il minimo locale più vicino. Per superare il problema dei minimi locali, l'uso di tecniche di apprendimento globale come l'*algoritmo genetico* (GA) può essere combinato con algoritmi di apprendimento locale per ottenere GA ibridi.

I parametri da stimare nel modello sono a_{ik} e b_{ik} nelle funzioni associative antecedenti e le costanti costitutive nelle conseguenti. Se consideriamo tutti i parametri del modello come parametri di progettazione liberi, allora il problema della stima è non lineare nei parametri. Per calcolare questi parametri, è necessario utilizzare una tecnica di ottimizzazione non lineare, come l'algoritmo *di discesa del gradiente* (GD).

Algoritmo di apprendimento:

Il modello fuzzy proposto da Takagi e Sugeno [5] è della forma seguente:

Rule: IF x_1 is A_{i1} and.....and x_n is A_{in}

THEN $y_i = c_{io} + c_{i1}x_1 + ... + c_{in}x_n$ \hfill 3.2

Dove $i = 1,2, ..., I$, I è il numero di regole IF-THEN, $c_{ik}{'}^s$ (k = 0, 1...n) sono parametri conseguenti. y_i è un output della regola IF-THEN e A_{ij} è un insieme fuzzy.

Dato un ingresso $(x_1, x_2,..., x_n)$, l'uscita finale del modello fuzzy viene dedotta come segue:

$$y = \sum_{i=1}^{I} w_i y_i \hspace{2cm} 3.3$$

Dove y_i è calcolato per l'input dall'equazione conseguente dell'implicazione *iesima*, e il peso w_i implica il valore di verità complessivo della premessa dell'implicazione per l'input, e si calcola come:

$$w_i = \prod_{k=1}^{n} A_{ik}(x_k) \text{ , where} \hspace{2cm} 3.4$$

$$A_{ik}(x_k) = \exp\left(-\frac{(x_k - a_{ik})^2}{b_{ik}^2}\right) \hspace{2cm} 3.5$$

a_{ik} e b_{ik} sono parametri delle funzioni associative. Si può applicare la tecnica della discesa del gradiente per modificare i parametri a_{ik}, b_{ik} e c_{ik}.

From (3.2) and (3.3) \hspace{1cm} $y = \sum_{k=0}^{n} \sum_{i=1}^{I} w_i c_{ik} x_k$ \hfill 3.6

dove, $x_0 = 1$

Le funzioni di prestazione sono definite come segue:

$$E = \frac{1}{2}(y^* - y)^2 \qquad 3.7$$

Dove y e y* indicano rispettivamente le uscite di un modello fuzzy e di un sistema reale. Differenziando parzialmente E rispetto a ciascun parametro di un modello fuzzy, si ottiene:

$$\frac{\partial E}{\partial c_{ik}} = \frac{\partial E}{\partial y} \cdot \frac{\partial y}{\partial c_{ik}} \qquad 3.8$$

$$= -(y^* - y)w_i x_k = -\delta w_i x_k,$$

$$\frac{\partial E}{\partial a_{ik}} = \frac{\partial E}{\partial y} \cdot \frac{\partial y}{\partial a_{ik}}$$

$$= -(y^* - y)\frac{2(x_k - a_{ik})}{b_{ik}} w_i \sum_{k=0}^{n} c_{ik} x_k, \quad = -\delta \frac{2(x_k - a_{ik})}{b_{ik}} w_i \sum_{k=0}^{n} c_{ik} x_k, \qquad 3.9$$

$$\frac{\partial E}{\partial b_{ik}} = \frac{\partial E}{\partial y} \cdot \frac{\partial y}{\partial b_{ik}}$$

$$= -(y^* - y)\frac{(x_k - a_{ik})^2}{b^2_{ik}} w_i \sum_{k=0}^{n} c_{ik} x_k, \qquad 3.10$$

$$= -\delta \frac{2(x_k - a_{ik})^2}{b^2_{ik}} w_i \sum_{k=0}^{n} c_{ik} x_k$$

Dove, $\delta = (y^* - y)$.

La legge di apprendimento finale può essere definita come:

$$c_{ik}^{NEW} = c_{ik}^{OLD} + \in_1 \delta w_i x_k.$$

$$a_{ik}^{NEW} = a_{ik}^{OLD} + \in_2 \delta \frac{2(x_k - a_{ik}^{OLD})}{b_{ik}^{OLD}} w_i \sum_{k=0}^{n} c_{ik}^{OLD} x_k,$$

$$b_{ik}^{NEW} = b_{ik}^{OLD} + \in_3 \delta \frac{2(x_k - a_{ik}^{OLD})^2}{(b_{ik}^{OLD})^2} w_i \sum_{k=0}^{n} c_{ik}^{OLD} x_k$$

3.11

Dove, $\in_1, \in_2 e \in_3$ sono coefficienti di apprendimento e $\in 1, \in 2, 3 \in > 0$. Utilizzando l'equazione in (3.11), si possono modificare successivamente i parametri a_{ik}, b_{ik} e c_{ik} fino a quando il valore della somma di δ per tutti i punti dati è sufficientemente piccolo.

3.3.9 Convalida del modello

Si tratta di testare il modello in base a un criterio di prestazione. (ad esempio, l'accuratezza). Se il modello non supera il test, l'utente deve modificare la struttura del modello e stimare nuovamente i parametri del modello. Può essere necessario ripetere questa procedura molte volte prima di trovare un modello soddisfacente. L'identificazione dei sistemi fuzzy è un problema di stima dei parametri. Un problema di validazione del modello è la selezione dei parametri che mostrano buone prestazioni sia sui dati di addestramento che su quelli di test. Un modello selezionato sulla base dei dati di addestramento non mostra prestazioni altrettanto buone sui dati di test. In particolare, un errore di addestramento minore non si traduce necessariamente in un errore di test minore. Se si cerca di ridurre eccessivamente l'errore di addestramento aumentando la complessità del modello, l'errore di test può spesso aumentare drasticamente, poiché il modello inizia ad adattarsi eccessivamente all'insieme di dati di addestramento, a scapito della perdita di generalità.

3.3.10 Raggruppamento

Il clustering consiste nel dividere i punti di dati in classi o cluster omogenei, in modo che gli elementi della stessa classe siano il più possibile simili e quelli di classi diverse il più possibile dissimili. Il clustering può anche essere considerato una forma di compressione dei dati, in cui un gran numero di campioni viene convertito in un numero ridotto di prototipi o cluster rappresentativi. A seconda dei dati e dell'applicazione, si possono utilizzare diversi tipi di misure di somiglianza per identificare le classi, dove la misura di somiglianza controlla il modo in cui vengono formati i cluster. Alcuni esempi di valori che possono essere utilizzati come misure di similarità sono la distanza, la connettività e l'intensità.

Il clustering è la classificazione di oggetti in gruppi diversi o, più precisamente, la suddivisione di un insieme di dati in sottoinsiemi (cluster), in modo che i dati in ogni sottoinsieme (idealmente) condividano qualche caratteristica comune, spesso la vicinanza secondo una misura di distanza definita.

Un certo punto di dati che si trova vicino al centro di un cluster avrà un alto grado di appartenenza o appartenenza a quel cluster e un altro punto di dati che si trova lontano dal centro di un cluster avrà un basso grado di appartenenza o appartenenza a quel cluster.

Il numero di cluster controlla la complessità e quindi la capacità di generalizzazione del modello. Un modello con un numero insufficiente di cluster fornisce scarse previsioni su nuovi dati, ossia una scarsa generalizzazione, poiché il modello ha una flessibilità limitata. D'altro canto, anche un modello con troppi cluster produce scarse generalizzazioni, poiché è troppo flessibile e si adatta al rumore dei dati di addestramento. Un numero ridotto di cluster produce uno stimatore ad alto bias e bassa varianza, mentre un numero elevato di cluster produce uno stimatore a basso bias e alta varianza. Ogni cluster può essere considerato come una regola fuzzy che descrive il comportamento caratteristico del sistema.

Un problema critico per l'algoritmo Fuzzy c-means è come determinare il numero ottimale di cluster. L'algoritmo può individuare solo cluster con la stessa forma e orientamento. Inoltre, nessuna garanzia assicura che Fuzzy c-means converga a una soluzione ottimale.

3.3.11   Il fuzzy c-means

L'algoritmo di clustering Fuzzy c-means si basa sulla minimizzazione di una funzione obiettivo:

$$J(Z;U,V) = \sum_{i=1}^{c} \sum_{k=1}^{N} (\mu_{ik})^m \|z_k - v_i\|^2 \qquad 3.12$$

Where, $Z = [z_1, z_2, \ldots, z_N]$

is the data set. 3.13

$$v = (v_1, v_2, \ldots v_c)^T$$

is the center vector 3.14

$m > 1$ è l'esponente di ponderazione.

$$U = [\mu_{ik}]_{c \times N} \qquad 3.15$$

rappresenta la matrice di partizione fuzzy, le sue condizioni sono :

$$\mu_{ij} \in [0,1], 1 \leq i \leq c, 1 \leq k \leq N \qquad 3.16$$

$$\sum_{i=1}^{c} \mu_{ik} = 1 \qquad 3.17$$

- Inizializzare la matrice di partizione fuzzy U e specificare il numero di cluster.
- Ripetere per l=1, 2,.
- Calcolare i prototipi dei cluster (medie):

$$v_i = \frac{\sum_{k=1}^{N} (\mu_{ik})^m x_k}{\sum_{k=1}^{N} (\mu_{ik})^m} \qquad 3.18$$

- Calcolare le distanze :

$$d_{ikA}^2 = (x_k - v_i)^T A (x_k - v_i)$$

3.19

- Aggiornare la matrice di partizione

$$\mu_{ik} = \frac{1}{\sum_{j=1}^{c} (d_{ikA} / d_{jkA})^{2/(m-1)}} \qquad 3.20$$

Until

$$\|U^l - U^{l-1}\| < \varepsilon \qquad 3.21$$

Caratteristiche:

- Il Fuzzy c-means è in grado di rilevare solo i cluster con forma circolare, poiché utilizza la norma della distanza euclidea.

- *La scelta corretta del parametro di ponderazione (m) è importante: se m si avvicina a uno, la partizione diventa difficile, mentre se si avvicina all'infinito, la partizione diventa massimamente fuzzy.*

- *Non è garantito che la soluzione sia ottimale, in quanto potrebbe entrare in un minimo locale.*

3.3.12 Validità del cluster

Uno dei problemi principali del clustering è come valutare il risultato del clustering di un algoritmo. Questo problema è chiamato validità del clustering. Il problema della validità del clustering consiste nel trovare una funzione obiettivo per determinare la bontà della partizione generata da un algoritmo di clustering. Questo tipo di criterio consente di raggiungere tre obiettivi:

(i) Per confrontare i risultati di algoritmi di clustering alternativi per un set di dati.

(ii) Determinare il numero migliore di cluster per un dato set di dati (ad esempio, la scelta del parametro c per FCM).

(iii) Per determinare se un dato set di dati contiene una struttura (cioè se esiste un raggruppamento naturale del set di dati).

3.4 Sistema di inferenza fuzzy

3.4.1 Introduzione

La modellazione fuzzy basata sulla teoria degli insiemi fuzzy proposta da Zadeh è stata ampiamente studiata. Lo scopo dell'intero esercizio è quello di costruire relazioni fuzzy, che sono espresse da un insieme di proposizioni linguistiche derivate dall'esperienza di un operatore esperto o da un insieme di dati di input osservati. Mamdani ha utilizzato la forma Compositional Rule of Inference (CRI) del modello fuzzy per interpretare l'esperienza dell'operatore nella gestione di operazioni semplici. Tuttavia, per alcuni sistemi complessi, è impossibile stabilire un modello fuzzy basato sulla conoscenza a causa del gran numero di proposizioni fuzzy e della complicata relazione fuzzy multidimensionale. In seguito, il lavoro pionieristico di Takagi e Sugeno [5] sulla modellazione e il controllo fuzzy ha portato a diversi lavori in letteratura che vengono definiti approcci basati su più modelli. L'idea di base di questi approcci è quella di scomporre il complicato spazio di ingresso in sottospazi e quindi approssimare l'elemento rappresentato in ciascun sottospazio con un semplice modello di regressione. In questo modo, il modello fuzzy complessivo viene considerato come una combinazione di sottosistemi interconnessi con un modello più semplice. Utilizzando una decomposizione simile dello spazio di input, il modello CRI interpola tra le ipersuperfici parallele a seconda della fuzziness intorno alle ipersuperfici parallele. D'altra parte, il modello TS interpola tra le ipersuperfici inclinate ottenendo un'unica ipersuperficie.

3.4.2 Modelli fuzzy

I modelli fuzzy sono basi di regole in cui le regole descrivono le relazioni tra le variabili sotto forma di affermazioni **IF-THEN**. Le regole dei modelli fuzzy mappano regioni fuzzy nello spazio dei prodotti delle premesse in altre regioni nello spazio dei conseguenti. Il meccanismo di inferenza fornisce l'interpolazione tra le regioni mappate. A seconda della forma delle regole e del meccanismo di inferenza utilizzato, esistono diversi tipi di modelli fuzzy. Tra questi, le implicazioni fuzzy e il metodo di ragionamento fuzzy proposto da Takagi - Sugeno sembrano essere i più adatti per la modellazione fuzzy. Di seguito sono riportati i due modelli fuzzy comunemente utilizzati:

- Modello CRI

Ogni regola di un modello fuzzy basato sulla Compositional Rule OfInference (CRI) mappa sottoinsiemi fuzzy nello spazio di ingresso $A^k \subset R^{nk}$ in un sottoinsieme fuzzy nello spazio di uscita $B^k \subset R$, e ha la forma:

$$R^{nk} : if \ x_1 \ is \ A_1^k \wedge x_2 \ is \ A_2^k \wedge \ldots \ldots x_{nk} \ is \ A_{nk}^k \ then \ y \ is \ B^k \qquad 3.22$$

con k=1 .... m, dove m è il numero delle regole. Ogni regola si basa sul proprio vettore di $input x^k$, dove $x^k \subseteq x$; x è l'input completo del sistema. A_i^k sono le etichette linguistiche degli insiemi fuzzy che descrivono la natura qualitativa della variabile di ingresso x_i. $\wedge$ è un operatore di congiunzione fuzzy. B^k sono le etichette linguistiche degli insiemi fuzzy che descrivono lo stato qualitativo della variabile di uscita y. La forza di innesco della regola k^{th} ottenuta prendendo la T-norm (di solito l'operatore min o product) delle funzioni di appartenenza delle parti premesse della regola è:

$$\mu^k(x^k) = \mu_1^k(x_1) \wedge \mu_2^k(x_2) \wedge \mu_3^k(x_3) \wedge \ldots \ldots \ldots \wedge \mu_{nk}^k(x_{nk}) \qquad 3.23$$

Dove $\mu^k(x^k)$ è la funzione di appartenenza dell'insieme fuzzy A_i^k. Anche l'intensità di fuoco della regola kth è rappresentata come un insieme fuzzy $A^k \subset R^{mk}$ nello spazio di input. Quindi l'equazione 3.22 può essere riscritta come:

$$R^k : if \ x^k \ is \ A^K \ then \ y \ is \ B^k \qquad 3.24$$

Sia $\Phi^k(y)$ la funzione di appartenenza dell'insieme fuzzy $B^k \subset R$ nello spazio di uscita. $\Phi^k(y)$ può essere di qualsiasi forma di funzione convessa con area e centroide tali che

$$\text{Area}(B^k) = v_k$$

$$= \int_y \Phi^k(y) \, dy \qquad 3.25$$

e, Centroide (B^K) bk=

$$= \frac{\int_y y \Phi^k(y) \, dy}{\int_y \Phi^k(y) \, dy} \qquad 3.26$$

Quindi, B^K può essere scritto in forma funzionale come B^k (b_k, v_k). Utilizzando la T-norm per la mappatura dei sottoinsiemi fuzzy dallo spazio di ingresso $A^k \subset R^{.n"}$ ai sottoinsiemi fuzzy nello spazio di uscita $B^k \subset R$, si ottiene una mappatura del sottoinsieme fuzzy B *^{k}:

$$\Phi^{*k}(y) = \mu^k(x^k) \wedge \Phi^k(y) \qquad 3.27$$

La norma S (di solito l'operatore max. o sum) viene utilizzata nello spazio di uscita per unire l'intera regione mappata nello spazio di uscita. L'insieme fuzzy aggregato nella regione di uscita si ottiene da:

$$B^0 = B^{*1} \vee B^{*2} \vee B^{*3} \vee \ldots\ldots\ldots \vee B^{*m} \qquad 3.28$$

Dove ∨ è un operatore di disgiunzione fuzzy (solitamente di norma S) e il metodo della media ponderata di gravità per la defuzzificazione. L'uscita defuzzificata y^0 è data da:

$$y^0 = \frac{\int_y y\Phi^0(y)dy}{\int_y \Phi^0(y)dy} \qquad 3.29$$

Dove $\Phi^0(y)$ è la funzione associativa risultante di $B^0 \subset R$ nello spazio di uscita.

- Modello T-S (Modello Takagi - Sugeno)

La motivazione principale per lo sviluppo di questo modello è la riduzione del numero di regole richieste dal modello Mamdani, soprattutto per problemi complessi e ad alta dimensionalità. A tal fine, il modello TS sostituisce gli insiemi fuzzy nella parte conseguente (then) della regola di Mamdani con un'equazione lineare delle variabili di ingresso.

Il modello fuzzy proposto da TS nel 1985 può rappresentare o modellare una classe generale di sistemi statici o dinamici non lineari. Si basa su una partizione fuzzy dello spazio di ingresso e può essere visto come un'espansione della partizione lineare a tratti. Pertanto, questo modello approssima un sistema non lineare con una combinazione di diversi sistemi lineari decomponendo in modo fuzzy l'intero spazio di ingresso in sottospazi e rappresentando ogni sottospazio con ogni equazione lineare. Può descrivere un sistema altamente non lineare utilizzando un numero ridotto di regole. Inoltre, grazie alla forma di rappresentazione funzionale esplicita, è conveniente identificare i suoi parametri utilizzando alcuni algoritmi di apprendimento. L'inferenza eseguita dal modello TS è un'interpolazione di tutti i modelli lineari rilevanti. Il grado di rilevanza di un modello lineare è determinato dal grado di appartenenza dei dati di ingresso al sottospazio fuzzy associato al modello lineare. Questi gradi di rilevanza diventano il peso nel processo di interpolazione. L'identificazione di un modello TS fuzzy utilizzando i dati input-output consiste in due parti: (i) identificazione della struttura (costruzione delle regole) e (ii) identificazione dei parametri (fissazione dei parametri delle premesse e delle conseguenze in ogni regola). I parametri conseguenti sono i coefficienti delle equazioni lineari.

Le implicazioni fuzzy sono formate da una partizione fuzzy dello spazio di input. La premessa di un'implicazione fuzzy determina un sottospazio fuzzy dello spazio di input, il conseguente di un'implicazione fuzzy esprime una relazione di regressione lineare input-output valida nel sottospazio appropriato. Il modello TS si basa sull'idea di trovare un insieme di strutture saggiamente lineari per descrivere una relazione non lineare.

Ogni implicazione (regola) nel modello TS definisce un iperpiano nello spazio del prodotto premessa-conseguente. L'output complessivo del modello è calcolato dalla somma ponderata di ciascuna regola conseguente.

Le regole del modello T-S sono della forma seguente:

$$R^K : \text{if } x^k \text{ is } A^K \text{ then } y \text{ is } f^k(x^k) \qquad 3.30$$

Una forma lineare di $f^k(x^k)$ in equazione è la seguente:

$$f^k(x^k) = b_{k0} + b_{k1} + b_{k2} + \ldots\ldots\ldots + b_{knk}x_{nk} \qquad 3.31$$

Dove $f^k(x^k)$ definisce un modello localmente valido sul supporto del prodotto cartesiano degli insiemi fuzzy che costituiscono la parte delle premesse. La forza di fuoco di ogni regola viene calcolata utilizzando l'equazione (3.23). La forza di accensione normalizzata per il calcolo normalizzato o la forza di accensione non normalizzata per il calcolo non normalizzato viene quindi moltiplicata con la funzione di uscita $f^k(x^k)$. La forma normalizzata dell'uscita complessiva del modello T-S è definita come:

$$y^0 = \sum_{k=1}^{m} \frac{\mu^k(x^k).f^k(x^k)}{\sum_{k=1}^{m} \mu^k(x^k)} \qquad 3.32$$

Takagi e Sugeno possono esprimere una relazione funzionale altamente non lineare utilizzando un numero ridotto di regole e il suo potenziale applicativo è grande.

CAPITOLO IV

IDENTIFICAZIONE DEL PROBLEMA

4.1 Introduzione

Il nostro interesse è rivolto principalmente all'identificazione e al controllo di sistemi dinamici non lineari sconosciuti. Il problema dell'identificazione consiste nell'impostare un modello di identificazione opportunamente parametrizzato e nel regolare i parametri del modello per ottimizzare una funzione di prestazione basata sull'errore tra l'impianto e le uscite del modello di identificazione.

I sistemi fuzzy sono approssimatori universali. L'identificazione fuzzy è uno strumento efficace per l'approssimazione di sistemi non lineari incerti sulla base di dati misurati [19]. Tra le diverse tecniche di modellazione fuzzy, il modello Takagi-Sugeno (TS) [20] ha attirato la maggiore attenzione. Sono state condotte numerose ricerche sul modello fuzzy TSK e sulla sua applicazione ai sistemi reali, grazie alla sua capacità di gestire in modo efficiente ed efficace i sistemi non lineari e alle sue buone prestazioni nelle applicazioni reali [1, 2]. Il modello fuzzy TSK può presentare sistemi non lineari statici e dinamici.

Il modello fuzzy TSK ha parti conseguenti costituite da funzioni lineari e può essere visto come un'espansione di una partizione lineare a più livelli. Questo modello consiste in regole if-then con antecedenti fuzzy e funzioni matematiche nella parte conseguente. Il clustering fuzzy è stato ampiamente utilizzato per ottenere le funzioni di appartenenza degli antecedenti [21, 22, 23], mentre i parametri delle funzioni conseguenti possono essere stimati utilizzando metodi lineari standard ai minimi quadrati. Questo modello è della forma seguente:

Rule i: If x_1 is A_{i1} and x_n is A_{in}

THEN $y_i = c_{i0} + c_{i1} + \ldots + c_{in} x_n$ 4.1

Dove, i -1,2, ..., I, I il numero di regole IF-THEN è, $c_{ik}'s(k = 0,1,....,n)$ sono i parametri conseguenti. y_i è un output della regola IF-THEN i^{th} e A_{ij} è un insieme fuzzy.

Dato un ingresso ($x_1, x_2, \ldots, x_n$), l'output finale del modello fuzzy utilizzato viene dedotto come segue:

$$y = \sum_{i=1}^{I} w_i y_i \qquad 4.2$$

Dove, y_i è calcolato per l'equazione conseguente della i^{th} implicazione e il peso w_i implica il valore di verità complessivo della premessa della i^{th} implicazione per l'input, e calcolato come

$$w_i = \prod_{k=1}^{n} A_{ik}(x_k) \qquad 4.3$$

Dove le funzioni di appartenenza gaussiane sono utilizzate per rappresentare gli insiemi fuzzy.

$$A_{ik}(x_k) = \exp\left(-\frac{(x_k - a_{ik})^2}{\sigma_{ik}^2}\right) \qquad 4.4$$

con a_{ik} come centro e σ_{ik}, la varianza della curva gaussiana.

Da (4.1) e (4.2)

$$y = \sum_{k=0}^{n} \sum_{i=1}^{l} w_i c_{ik} x_k \qquad 4.5$$

4.2 Definizione del problema del presente lavoro

Il presente lavoro di ricerca mira allo sviluppo di un modello TS fuzzy per l'identificazione di impianti non lineari. Sulla base di un'indagine esaustiva della letteratura, si è cercato di progettare un controllore per un sistema non lineare.

Per esaminare le prestazioni dell'approccio proposto nel presente lavoro, sono stati studiati diversi esempi di benchmark di identificazione e previsione.

A. Identificazione di dati di impianto non lineari

Questo esempio tratta la modellazione di un impianto non lineare del secondo ordine [23]. L'impianto da identificare è descritto da un'equazione alle differenze del secondo ordine:

$$y(k) = f(y(k-1), y(k-2)) + u(k)$$

dove

$$f(y(k-1), y(k-2)) = \frac{y(k-1)\,y(k-2)[y(k-1)-0.5]}{1+y^2(k-1)+y^2(k-2)} \qquad 4.6$$

Nel presente lavoro, è stato sviluppato un modello fuzzy adatto che può approssimare efficacemente le componenti non lineari y(k-1), y(k-2)) dell'impianto.

B. Operazioni umane in un impianto chimico

Nel secondo esempio, l'approccio di modellazione fuzzy TSK è stato utilizzato per trattare un modello di controllo dell'operatore di un impianto chimico.

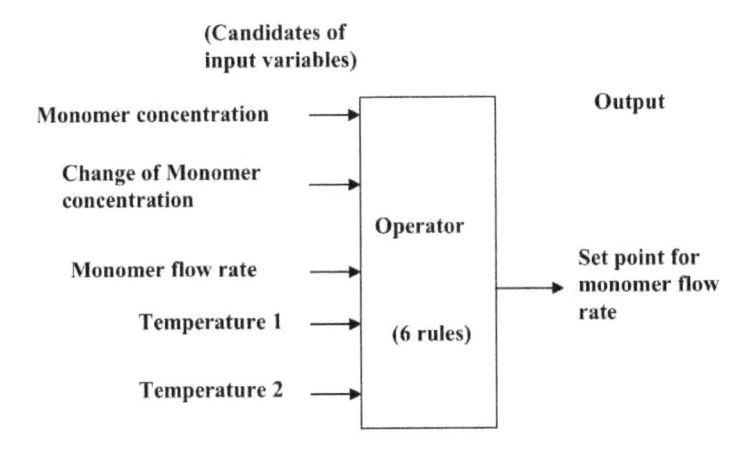

```
                (Candidates of
                input variables)
                                                Output
   Monomer concentration      →  ┌─────────┐
                                 │         │
   Change of Monomer           →  │         │
   concentration                 │ Operator│
                                 │         │   Set point for
   Monomer flow rate           →  │         │ → monomer flow
                                 │         │   rate
   Temperature 1               →  │(6 rules)│
                                 │         │
   Temperature 2               →  └─────────┘
```

Fig.4.1. Struttura del funzionamento dell'impianto

C. *Identificazione e controllo di dati di impianti non lineari.*

I controllori fuzzy hanno suscitato un enorme interesse da parte di diverse comunità industriali. Il loro utilizzo come alternativa ai controllori convenzionali per sistemi di controllo complessi è oggetto di ricerca. In particolare, in quei sistemi in cui la conoscenza qualitativa dell'operatore esperto è essenziale per l'esecuzione del sistema di controllo, l'utilizzo del controllo logico fuzzy è utile. Il suo vantaggio rispetto al controllo convenzionale è che non è richiesta una conoscenza precisa del processo (sistema) e può gestire in modo efficiente le incertezze nel processo di controllo. Inoltre, può essere utilizzato per incorporare nel sistema la competenza e l'esperienza umana. Per controllare un sistema dinamico (processo) incerto, è opportuno rappresentare il sistema in una forma funzionale non lineare. A tal fine, il sistema non lineare viene prima rappresentato come modello fuzzy. Il controllo viene poi effettuato sulla base del modello fuzzy identificato.

Il modello fuzzy individuato ha permesso di ottenere buoni risultati di previsione. Tuttavia, dobbiamo notare che i buoni risultati di previsione non sono sempre garantiti su un lungo periodo di tempo, come ad esempio diversi anni. La dinamica di un sistema di controllo complesso cambia gradualmente in funzione di molti fattori ambientali per un lungo periodo di tempo. Un approccio per superare questa difficoltà è l'introduzione dell'autoapprendimento. Consideriamo il problema del controllo di un impianto descritto da un'equazione di differenza:

$$y_p(k+1) = f[y_p(k), y_p(k-1)] + u(k)$$
where
$$f[y_p(k), y_p(k-1)] = \frac{y_p(k) y_p(k-1)[y_p(k)+2.5]}{1 + y_p^2(k) + y_p^2(k-1)} \qquad 4.7$$

CAPITOLO V

ATTUAZIONE DEL PRESENTE LAVORO

Il presente lavoro si occupa dello sviluppo di un modello TS fuzzy per un problema noto di identificazione di un impianto non lineare di cui sono disponibili i dati. I passi successivi comprendono la metodologia seguita per l'esecuzione del lavoro:

(i) Studio delle varie tecniche esistenti per l'identificazione dei sistemi e dei loro limiti.

(ii) Selezione di un problema di settore o attraverso i dati disponibili in letteratura.

(iii) La costruzione di un modello basato su regole fuzzy utilizzando il seguente algoritmo a partire da un insieme di dati di addestramento per l'impianto non lineare prevede i seguenti passaggi:

Algoritmo:

Fase: selezione del tipo di modelli fuzzy. (Il modello basato su regole fuzzy nel presente problema è un modello TSK).

Fase 2: calcolo delle funzioni associative adatte alla partizione dello spazio di ingresso.

Fase 3: Determinazione delle funzioni di appartenenza e del numero di regole if-then applicando il clustering FCM.

Fase 4: Identificazione dei parametri delle funzioni associative antecedenti.

Fase 5: apprendimento dei parametri mediante una tecnica di ottimizzazione non lineare.

(iv) Definire le varie ipotesi necessarie relative al problema.

(v) Analizzare i risultati e verificarli attraverso le simulazioni.

CAPITOLO VI

RISULTATI DELLA SIMULAZIONE

6.1 Risultati e discussione

A. Identificazione di dati di impianto non lineari

Questo esempio riguarda la modellazione di un impianto non lineare del secondo ordine [22] descritto dall'equazione (4.6). L'autore ha utilizzato le seguenti tecniche per costruire un modello basato su regole fuzzy a partire da un insieme di dati di addestramento per questo impianto non lineare:

(I) Il modello basato su regole fuzzy è un modello TSK.

(2) Le funzioni di appartenenza gaussiane vengono utilizzate per suddividere lo spazio di ingresso.

(3) L'algoritmo di clustering fuzzy C-means (FCM) viene utilizzato per identificare i parametri antecedenti per una partizione dispersa dello spazio di input.

(4) I parametri conseguenti vengono identificati utilizzando l'algoritmo *di discesa del gradiente* (GD).

(5) Il numero di regole viene determinato utilizzando il metodo FCM Clustering.

La componente non lineare f dell'impianto, che di solito viene chiamata "sistema non forzato" nella letteratura sul controllo, ha uno stato di equilibrio (0, 0) nello spazio degli stati. Ciò implica che, in equilibrio senza input, l'uscita dell'impianto è la sequenza $\{\theta\}$.

Si desidera approssimare la componente non lineare 'f' utilizzando il modello fuzzy TSK. A questo scopo sono stati generati 100 punti di dati simulati dall'equazione del modello dell'impianto, assumendo un segnale di ingresso casuale $u(k)$ uniformemente distribuito in [1,5, 1,5]. La Fig.6.1. mostra l'uscita simulata dell'impianto e il corrispondente segnale di ingresso.

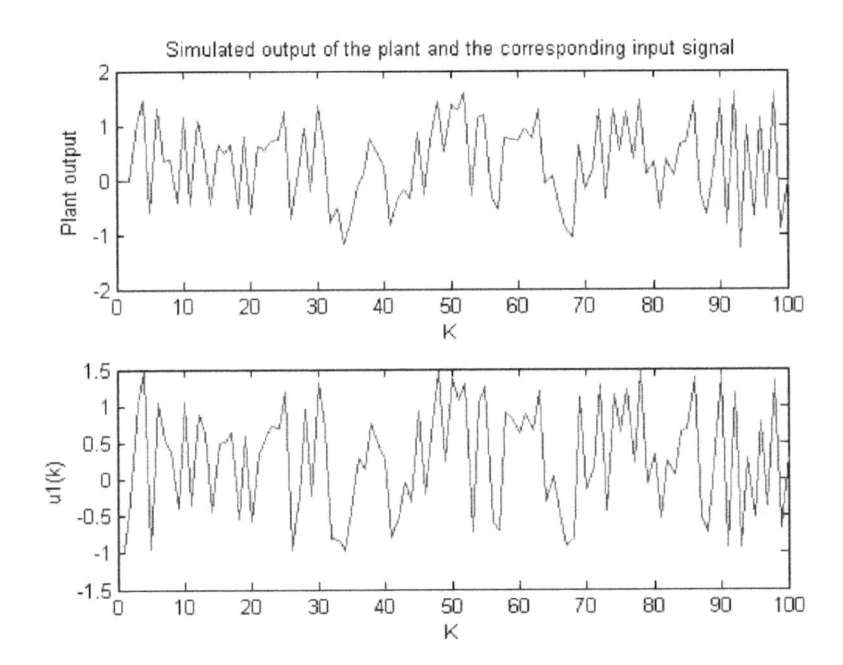

Fig.6.1. Uscita simulata dell'impianto e corrispondente segnale di ingresso

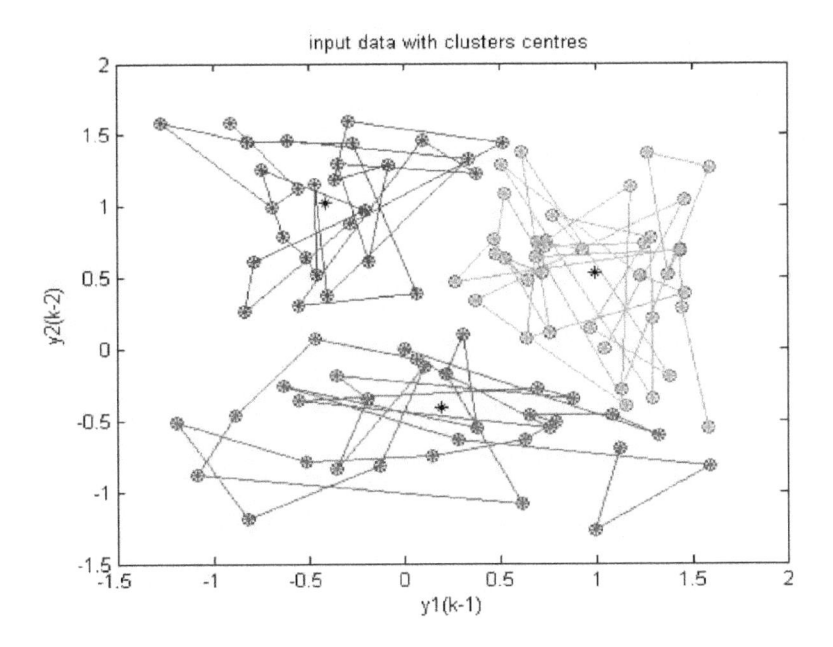

Fig.6.2. Cluster determinati dal clustering fuzzy c-means

y(k-l) e y(k-2) sono scelte come variabili di ingresso. Il numero di regole fuzzy può essere arbitrariamente impostato a 3. Le funzioni gaussiane sono state utilizzate per esprimere le funzioni di appartenenza di y(k-l) e y(k-2). Le tre funzioni di appartenenza gaussiane bidimensionali possono essere viste come il prodotto di due funzioni di appartenenza unidimensionali per le variabili di ingresso y(k-l) e y(k-2). I centri e le ampiezze delle tre funzioni di appartenenza gaussiane sono stati determinati utilizzando il clustering fuzzy c-means. La Fig.6.2. mostra i tre cluster determinati dal fuzzy c-means clustering.

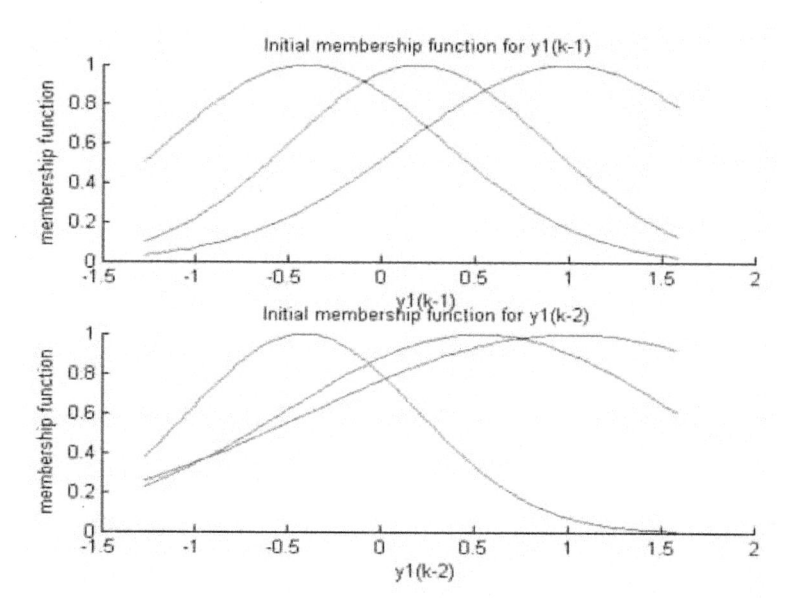

Fig.6.3. Funzioni associative iniziali per clustering FCM

L'addestramento è composto da due fasi. Nella prima fase, è stato utilizzato il clustering FCM per trovare i centri ($a_1, a_2, \ldots, a_l$) e l'ampiezza delle funzioni di appartenenza:

$$\sigma_{i,j}^2 = \frac{\sum_{k=1}^{n} \mu_{i,k}(x_{j,k} - a_{j,k})^2}{\sum_{k=1}^{n} \mu_{i,k}}$$

Nella seconda fase, il metodo di discesa del gradiente è stato utilizzato per minimizzare la funzione di errore.

$$E = \sqrt{\frac{1}{N}\sum_{k=1}^{N}(y^* - y)^2}$$

dove, y^* e y indicano le uscite di un modello fuzzy e di un sistema reale, rispettivamente e N=2.

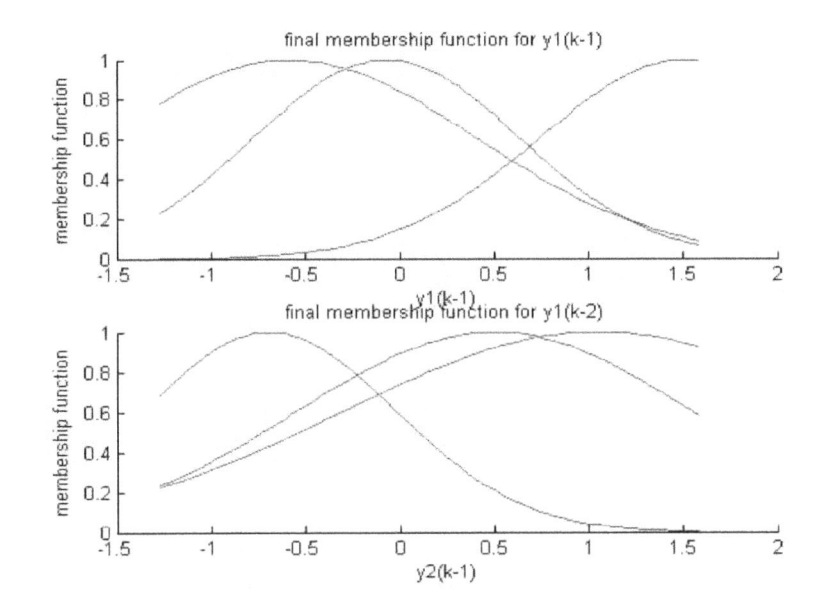

Fig.6.4. Funzioni associative finali per le variabili di ingresso y(k-l) e y(k-2)

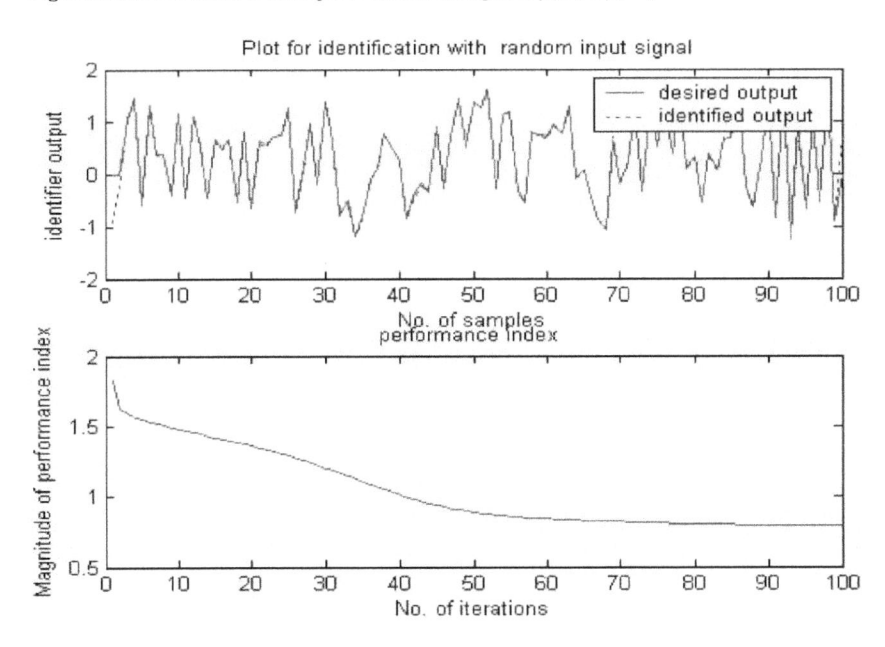

Fig.6.5. (a) Grafico per l'identificazione con segnale di ingresso casuale

Fig.6.5. (b) Indice di prestazione per l'identificazione di un impianto non lineare

La Fig. 6.4 mostra i valori finali delle funzioni associative per le variabili di ingresso y(k-l) e y(k-

2). Fig.6.5. (a) mostra l'uscita effettiva e l'uscita desiderata rispetto al numero di campioni, il che indica chiaramente che l'uscita effettiva segue abbastanza accuratamente l'uscita desiderata. La Fig.6.5. (b) mostra l'indice di prestazione rispetto al numero di iterazioni.

B.   Operazioni umane in un impianto chimico

L'impianto serve a produrre un polimero mediante la polimerizzazione di alcuni monomeri. Ci sono cinque candidati in ingresso, a cui un operatore umano potrebbe fare riferimento per il suo controllo, e un'uscita, cioè il suo controllo.

Questi sono i seguenti:

u1: concentrazione di monomero,

u2: variazione della concentrazione di monomero,

u3 : portata del monomero,

u4, u5: temperature locali all'interno dell'impianto

y: set point per la portata di monomero

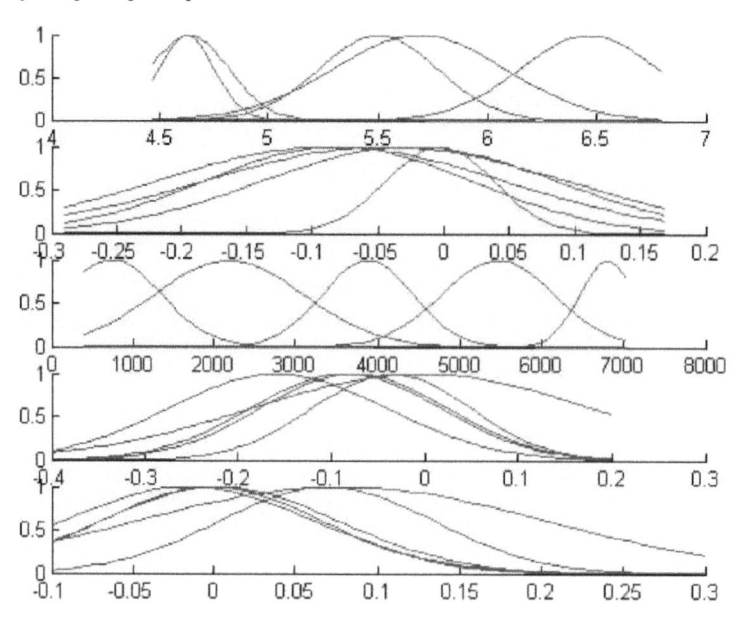

Fig.6.6. Funzioni di appartenenza del modello TS per l'impianto chimico basato su cinque ingressi

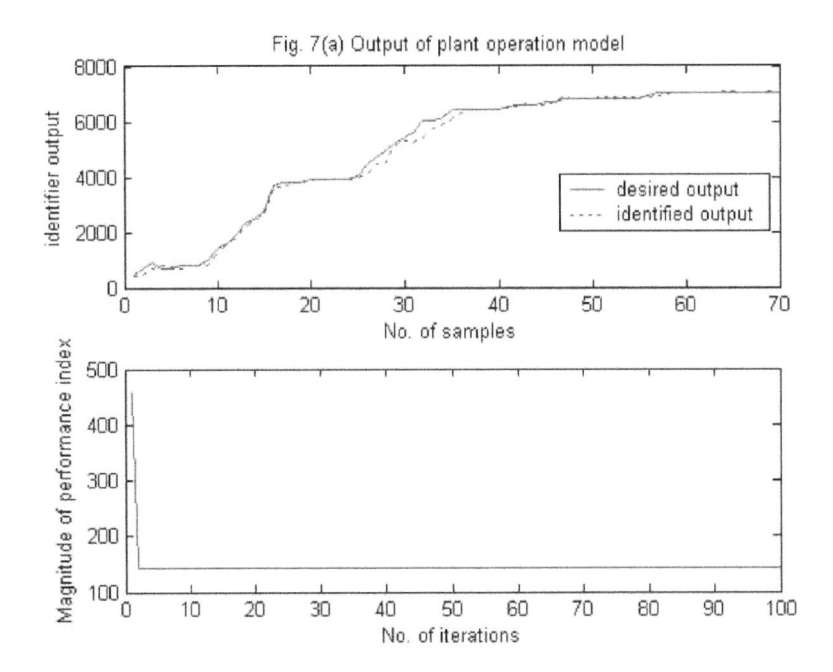

Fig.6.7. (a) Grafico per l'identificazione con segnale di ingresso casuale

Fig.6.7. (b) Indice di prestazione per l'identificazione di un impianto non lineare

70 punti dati delle sei variabili di cui sopra, provenienti dal funzionamento effettivo dell'impianto, sono tratti da [6]. I primi sei cluster sono stati trovati con il metodo di clustering FCM, che implica sei regole nel caso in esame. La Fig.6.6. mostra i valori finali delle funzioni di appartenenza per le cinque variabili di ingresso. La Fig.6.7. (a) mostra l'uscita effettiva e l'uscita desiderata rispetto al numero di campioni, il che indica chiaramente che l'uscita effettiva segue abbastanza accuratamente l'uscita desiderata. La Fig.6.7. (b) mostra l'indice di prestazione rispetto al numero di iterazioni.

C. *Identificazione e controllo di dati di impianti non lineari.*

Questo esempio tratta la modellazione di un impianto non lineare del secondo ordine [22]. L'impianto da identificare è descritto dall'equazione alle differenze del secondo ordine (4.7). La componente non lineare 'f' dell'impianto, che di solito viene chiamata "sistema non forzato" nella letteratura sul controllo, ha uno stato di equilibrio (0, 0) e (2, 2), rispettivamente nello spazio degli stati . Ciò implica che, mentre è in equilibrio senza input, l'uscita dell'impianto è uniformemente vincolata per le condizioni iniziali (0, 0) e (2, 2).

Nel processo di identificazione, si desidera approssimare la componente non lineare *f* utilizzando il modello fuzzy TSK. A questo scopo sono stati generati 50 punti dati simulati dal modello dell'impianto. L'ingresso all'impianto e al modello era una sinusoide *p(k)* = *sin(2*pi*k/25)*.

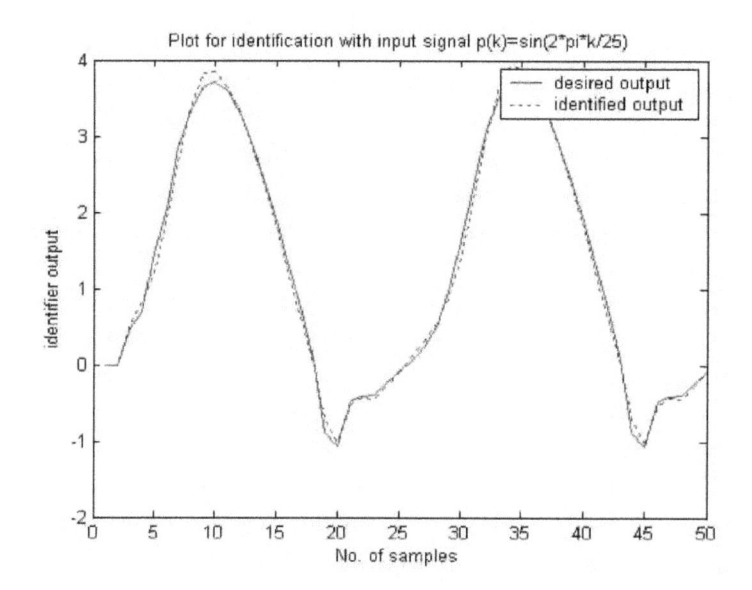

Fig.6.8 Grafico per l'identificazione con segnale di ingresso casuale

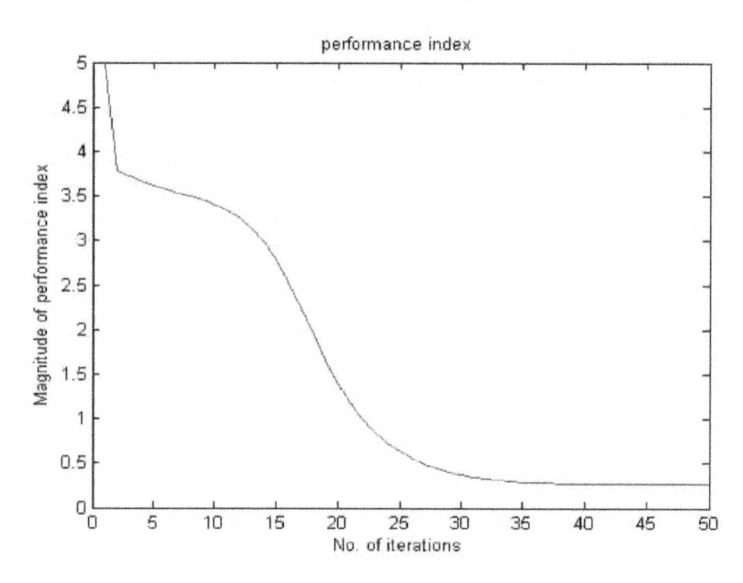

Fig.6.9. Indice di prestazione per l'identificazione di un impianto non lineare

Il numero di regole fuzzy è impostato arbitrariamente a 5. La Fig.6.8. mostra l'uscita effettiva e l'uscita desiderata rispetto al numero di campioni, il che indica chiaramente che l'uscita effettiva segue l'uscita desiderata in modo abbastanza preciso.

Una volta che l'impianto è stato identificato con il livello di precisione desiderato, è possibile avviare un'azione di controllo in modo che l'uscita dell'impianto segua l'uscita di un modello di riferimento stabile. $r(k) = sin(2*pi*k/50)$ è un ingresso di riferimento vincolato. Il modello TSK viene utilizzato per la progettazione di un controllore. L'errore () e la variazione dell'errore () sono scelti come variabili di ingresso.

Il numero di regole fuzzy è impostato arbitrariamente a 5. Nel primo stadio, l'impianto sconosciuto è stato identificato off-line utilizzando l'ingresso sinusoidale $p(k)$. Nella seconda fase, utilizzando il modello di identificazione risultante, i parametri del controllore sono stati regolati con un algoritmo di apprendimento a discesa gradiente.

La Fig.6.9 mostra l'indice di prestazione rispetto al numero di iterazioni. La Fig.6.10 mostra il quadrato dell'errore rispetto al numero di iterazioni per il controllore.

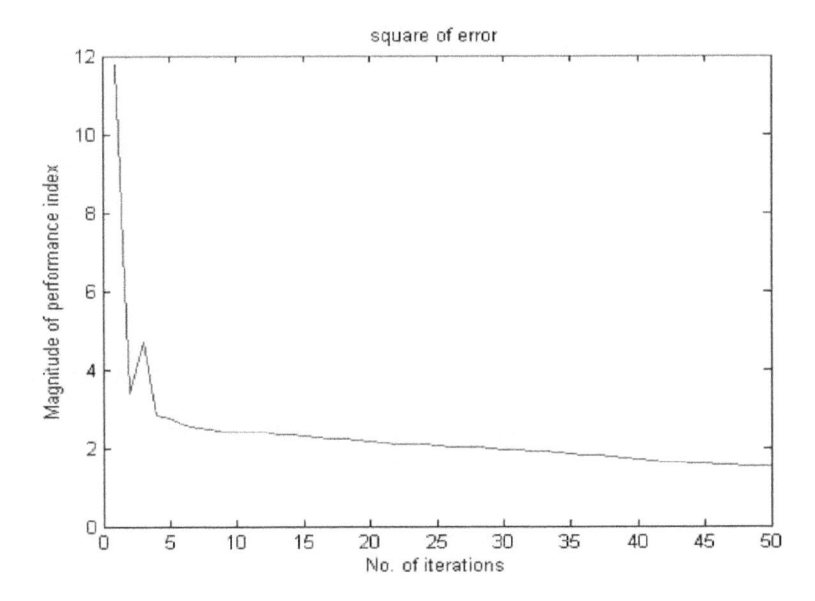

Fig.6.10. Grafico del quadrato dell'errore rispetto al numero di iterazioni per il controllore

6.2 Conclusione

Un modello TS fuzzy è stato implementato con successo su un problema di riferimento noto, ovvero l'identificazione di dati di impianti non lineari. Per la classificazione dei punti dati di ingresso e uscita è stato utilizzato un approccio basato sul clustering FCM. Dopo la clusterizzazione, il metodo di discesa del gradiente è stato utilizzato per l'apprendimento dei parametri. È stato inoltre implementato su un problema di dati reali, ovvero un modello di controllo di un operatore di un impianto chimico, e l'accuratezza è risultata paragonabile ai risultati riportati in letteratura.

6.3 Ambito futuro

Il clustering FCM è l'approccio di base per la classificazione dei dati di input-output, con diverse limitazioni. In futuro, un approccio avanzato basato sul clustering potrà essere utilizzato per l'identificazione e il controllo di sistemi dinamici non lineari. È inoltre possibile implementare nuove tecniche di modellazione.

RIFERIMENTI

[1] Zadeh, L. A, "Outline of a new approach to the analysis of complex systems and decision processes", *IEEE Trans, on SMC*, Vol. 3, No.1, pp. 28-44, 1973.

[2] Ta-Wei Hung, Shu-Cherng Fang e Henry L.W. Nuttle, "Un approccio facilmente implementabile all'identificazione di sistemi fuzzy", NAFIPS. , *Conferenza internazionale del Nord America*, pagg. 492-496, giugno 1999.

[3] Miroslav Pokorn e Miroslav Holuga, "Parameter identification of the fuzzy clusters membership grade functions", *IEEE International Conference on SMC*, Vol.3, pp.21382143, ottobre 1998.

[4] Ali Ghodsi, "Efficient parameter selection for system identification", NAFIPS '04 IEEE, Vol.2, pp.27-30, giugno 2004.

[5] T. Takagi e M. Sugeno, "Fuzzy identification of systems and its applications to modeling and control", *IEEE Trans ,on Systems, Man and Cybernetics*, Vol. SMC-15, pp. 116-132, Jan./Feb.1985.

[6] M. Sugeno e T. Yasukawa, "A fuzzy-logic-based approach to qualitative modeling", *IEEE Trans, on Fuzzy Systems*, Vol. 1, pp. 7-31, febbraio 1993.

[7] K. Tanaka, M. Sano e H. Watanabe, "Modeling and control of carbon monoxide concentration using a neuro-fuzzy technique", *IEEE Trans, on Fuzzy Systems*, Vol. 3, No.3, pp.271-279, agosto 1995,.

[8] S.L. Chiu, "Fuzzy model identification based on cluster estimation", *Journal of, Intelligent and Fuzzy systems*, Vol. 2 no 3, 1994.

[9] Y. lin , G. Cunningham III , S.V. Coggeshall, "Input Variable identification - fuzzy curves and fuzzy surfaces", *Fuzzy Sets and Systems*, Vol. 82, pp. 65-71, 1996.

[10] John e Reza Langari, "Fuzzy logic, intelligent, control and information", Pearson Education, 2003.

[11] M. Sugeno e G. T. Kang, "Structure identification of fuzzy model", *Fuzzy Sets and Systems*, Vol.28, pp.15-33, 1988.

[12] R. Babuska, P. J. Vander veen e U. Kaymak, "Improved covariance estimation for *Gustafson* Kessel clustering", Proc. *IEEE Conference on Fuzzy Systems*, Honolulu, maggio 2002.

[13] Gath e A.B. Geva, "Unsupervised optimal fuzzy clustering", *IEEE Transactions on PatternAnalysis andMachineIntelligence*, Vol. 7, pp. 773-781, 1989.

[14] R.R. Yager e D.P. Filev, "Approximate clustering via the mountain method", *IEEE Trans. System, Man and Cybernetics*, Vol. 24, 1279-1284, 1994.

[15] S.L. Chiu, "Identificazione di modelli fuzzy basata sulla stima dei cluster", *Journal of. Intelligent and Fuzzy systems*, Vol. 2 no 3, 1994.

[16] Wen-Yuan Liu, Chun-Jing Xiao, Bao-Wen Wang, Yan Shi e Shu-Fen Fang, "Study on combining

subtractive clustering with fuzzy c-means clustering", *IEEE Trans. Machine, Learning and Cybernetics*, Vol. 5, pp. 2659-2662, 2003.

[17] J. Abonyi, R. Babuska e F. Szeifert, "Modellazione fuzzy con funzioni di appartenenza multidimensionali: Grey Box Identification and Control Design", *IEEE Trans. on SMC- B*, pp. 755-767, ottobre 2001.

[18] C. W. Xu e Y. Z. Lu, "Identificazione di modelli fuzzy e autoapprendimento per sistemi dinamici", *IEEE Trans. on Systems, Man and Cybernetics B,* Vol. SMC-17, pp. 683-689, luglio/agosto 1987.

[19] Witold Pedrycz, "Multimodelli fuzzy", *IEEE. Trans. on Fuzzy Systems*, Vol.4, No.2, pp.139148, maggio 1996.

[20] R.R. Yager e D.P. Filev, "Identificazione di sistemi non lineari mediante modelli fuzzy", *Proc. On Fuzzy Systems International Conference*, pp.1401-1408, luglio/agosto 1987.

[21] E. H. Mamdani, "Application of fuzzy algorithm for control of simple dynamic plant", *Proc. ofIEEE,* Vol. 121, No. 12, pp. 1585-1588, dicembre 1974.

[22] Kumpati S. Narendra e Kannnan Parthasarathy, "Identificazione e controllo di sistemi dinamici mediante reti neurali", *IEEE. Trans. on Neural Networks*, vol. 1, n. 1, marzo 1990.

[23] P.C. Panchariya, A. K. Palit, D. Popovic e A. L. Sharma, "Identificazione di sistemi non lineari utilizzando un modello neuro-fuzzy di tipo Takagi-Sugeno" IEEE Conference on Intelligent Systems, giugno 2004.

I want morebooks!

Buy your books fast and straightforward online - at one of world's fastest growing online book stores! Environmentally sound due to Print-on-Demand technologies.

Buy your books online at
www.morebooks.shop

Compra i tuoi libri rapidamente e direttamente da internet, in una delle librerie on-line cresciuta più velocemente nel mondo! Produzione che garantisce la tutela dell'ambiente grazie all'uso della tecnologia di "stampa a domanda".

Compra i tuoi libri on-line su
www.morebooks.shop

info@omniscriptum.com
www.omniscriptum.com

OMNIScriptum

www.ingramcontent.com/pod-product-compliance
Ingram Content Group UK Ltd.
Pitfield, Milton Keynes, MK11 3LW, UK
UKHW041933131224
452403UK00001B/117

9 786203 592412